国家出版基金项目
NATIONAL PUBLICATION FOUNDATION

人文学科
关键词研究

Anatomy
of
Interdisciplinary
Ideas
in
Contemporary
Academia

杨慧林 主编

行动

从身体的实践到文学的无为

A c t i o n

汪海 著

北京大学出版社
PEKING UNIVERSITY PRESS

图书在版编目(CIP)数据

行动:从身体的实践到文学的无为/汪海著.—北京:北京大学出版社,2013.5

ISBN 978-7-301-21882-2

(人文学科关键词研究)

Ⅰ.①行… Ⅱ.①汪… Ⅲ.①行动思维—研究 Ⅳ.①B804

中国版本图书馆 CIP 数据核字(2013)第 004760 号

书　　　　名：	行动 ——从身体的实践到文学的无为
著作责任者：	汪　海　著
组 稿 编 辑：	张　冰
责 任 编 辑：	张　冰
标 准 书 号：	ISBN 978-7-301-21882-2/I · 2579
出 版 发 行：	北京大学出版社
地　　　　址：	北京市海淀区成府路 205 号　100871
网　　　　址：	http://www.pup.cn　新浪官方微博:@北京大学出版社
电 子 信 箱：	zbing@pup.pku.edu.cn
电　　　　话：	邮购部 62752015　发行部 62750672　编辑部 62754149
	出版部 62754962
印 刷 者：	北京汇林印务有限公司
经 销 者：	新华书店
	650 毫米×980 毫米　16 开本　11.5 印张　242 千字
	2013 年 5 月第 1 版　2013 年 5 月第 1 次印刷
定　　　　价：	25.00 元

献给我的父母！

目　录

图片目录

（Museo del Prado）。/143

行
动

总　序

当代西方思想对传统论题的重构[*]

杨慧林

　　莱因霍尔德·尼布尔（Reinhold Niebuhr）有一段著名的祈祷文：“请赐我从容，以接受我不能改变的；请赐我勇气，以改变我所能改变的；请赐我智慧，以理解不同于我的。”① 就西方学术之于中国学人的意义而言，我们所能“接受”、“改变”和“理解”的又当如何呢？ 个中之关键或许在于对其所以然的追究、对其针对性的剥离、对其话语逻辑的解析，从而思想差异和文化距离才能成全独特的视角、激发独特的问题，使中国语境中的西学真正有所作为，甚至对西方有所回馈，而不仅仅是引介。

　　与西方学者谈及上述想法，他们大都表示同意；然而最初构思这套“人文学科关键词研究”的时候，有位朋友却留下了一句调侃：“你是想把真理的蛋糕切成小块儿，然后称之为布丁吗？”② 与本研究的其他作者分享这句妙语，于是“蛋糕”与“布丁”或者“布丁”与“蛋糕”的关系亦成为这项研究的写作背景和问题意识。

　　如果细细品咂“身体”、“虚无”、“语言”等典型的“布丁”，则会

　　＊　本丛书为教育部人文社会科学重点研究基地重大项目“当代神学—人文学交叉概念与学术对话之研究（项目号 06JJD730006）”结项成果，并得到中国人民大学“211 工程”和“985 工程”重点建设项目“人文学与神学交叉概念研究”的资助，特此说明。

　　①　Grant me the Serenity to accept the things I cannot change, the Courage to change the things I can, and the Wisdom to know the difference.

　　②　You would divide the cake of truth into small pieces, and call it pudding?

发现它们既可以在密尔班克(John Milbank)那里支撑"激进的正统论"①,也可以让罗兰·巴特(Roland Barthes)合成"文本的愉悦"②,还被泰勒(Mark C. Taylor)用来解说"宗教研究"③。"布丁"之于"蛋糕"的微妙,由此可见一斑。不仅如此,也许只有当"真理的蛋糕"被"切成小块儿"的时候,我们才可能借助"布丁"理解"蛋糕"的成分、品质、关系和奥秘,乃至重构"真理的蛋糕"。当代西方在多个领域共同使用的基本概念,正是这些拆自七宝楼台,却又自成片断的"布丁"④,即使曾经远离尘嚣的神学的"蛋糕"也不能不从中分一杯羹。

所以"相关互应"(correlation)⑤早已成为神学家们的普遍关注:保罗·蒂利希(Paul Tillich)主张"属人的概念与属神的概念"相关互应,谢利贝克斯(E. Schillebeeckx)强调"基督教传统与当下经验"相关互应,汉斯昆(Hans Küng)申说"活着的耶稣与现实处境"相关互应,鲁塞尔(Rosemary Radford Ruether)论述"多元群体与先知启示"相关互应等等⑥;而在特雷西(David Tracy)看来,这根本就是"神学本身的相关互应"(theological correlation)⑦,因为"我们正迅速走向一个新的时代,在这个时代如果不认真地同其他伟

---

① John Milbank, Catherine Pickstock and Graham Ward edited, *Radical Orthodoxy: A New Theology*, London and New York: Routledge, 1999.

② Roland Barthes, *The Pleasure of the Text*, translated by Richard Miller, Farrar,Straus and Giroux, Inc. , 1975.

③ Mark C. Taylor edited, *Critical Terms for Religious Studies*, Chicago: The University of Chicago Press, 1998.

④ 南宋词人张炎在《词源》中评价吴文英:"吴梦窗词如七宝楼台,炫人眼目,拆碎下来,不成片断。"

⑤ 蒂利希:《系统神学》第一卷,龚书森等译,台湾:东南亚神学院协会,1993,第84页。

⑥ 关于"相关互应"的理论以及当代神学的超越,请参阅 Francis Schüssler Fiorenza, *Systematic Theology: Task and Method*, Francis Schussler Fiorenza & John p. Galvin edited, *Systematic Theology*, volume I, Minneapolis: Fortress Press, 1991, pp. 55—61.

⑦ Francis Schüssler Fiorenza, *Introduction: A Critical Reception for a Practical Public Theology*, see Don S. Browning and Francis Schüssler Fiorenza edited, *Habermas, Modernity, and Public Theology*, New York: The Crossroad Publishing Company, 1992, p. 5.

大的传统对话,已经不可能建立什么基督教的系统神学"。①

当然,在一些交叉概念被共同使用,特别是神学与人文学的对话成为常态的过程中,双方的细微差异常常难以得到充分的辨析。因此哈贝马斯(Jürgen Habermas)声称一些神学家误解了他的意思②,麦考马克(Bruce McCormack)则认为有关德里达(Jacques Derrida)思想的神学理解全部都是牵强附会③。然而无论如何,这些"交叉概念"终究被切成了"布丁",从而"相关互应"已经不仅是神学家们的观念,也是一种语言的事实。

随着西方经典的大量译介,尤其是近百年来的思想对话,西方的基本概念实际上也同样被中国学人普遍使用;或者说,可以"切成小块儿"的"布丁"也在我们自己的厨房里烘烤成新的"蛋糕"。乃至逐步打通尘障的不仅是在圣俗之间、学科之间、传统与现实之间,其实也是在一种文化与他种文化之间。较之西方自身,这些"布丁"带着差异和辩难进入中国学人的研究视野时,所导致的混淆更是在所难免,但是它们也包含着更多的启发。因为不同的"蛋糕"之所以能够切出同样的"布丁",不同领域的概念工具之所以有所"交叉",恰恰透露出某种当代思想的普遍关注、整体趋向和内在逻辑。其中最突出的问题,也许就是如何在质疑真理秩序的同时重建意义。

真理秩序与既定意义的瓦解,首先在于"建构性主体"(constitutive subject)④和"投射性他者"(projected others)⑤的逻辑惯性遭到了动摇。无论以"建构"说明"主体",还是通过"投射"去界定"他者",都可以还原为同样一种自我中心的单向话语;简单说,在我们习惯已久的"中心"话语中,实际上除去叙述者之外并没有什么真正的"他者",一切都成为"我们"所建构的"对象",一切都

① David Tracy, *Dialogue with the Other*: *the Inter-religious Dialogue*, Leuven: Peeters Press, 1990, Preface: "Dialogue and Solidarity."

② Francis Schüssler Fiorenza, *Introduction*: *A Critical Reception for a Practical Public Theology*, see Don S. Browning and Francis Schüssler Fiorenza edited, *Habermas, Modernity, and Public Theology*, p. 17.

③ Bruce Lindley McCormack, "Graham Ward's *Barth, Derrida and the Language of Theology*," see *Scottish Journal of Theology*, vol. 49, No. 1, 1996, pp. 97—109.

④ John D. Caputo, *The Weakness of God*: *A Theology of the Event*, Bloomington & Indianapolis: Indiana University Press, 2005, p. 139.

⑤ David Tracy, *Dialogue with the Other*: *the Inter-religious Dialogue*, p. 4.

成为"我们欲求的投射"①。因此单向的"建构"和"投射"不仅是思想的谬误,也是无可排解的现实冲突之根本缘由。

西方文化既然是以基督教为根基,似乎应该更多要求人类的敬畏,而不是僭越。因此,"认知……就是服从"②本来有着久远的神学依据。比如马丁·路德(Martin Luther)曾故意把《圣经》中的"因信称义"译作"唯独因信(才能)称义",并且终生不改;③至卡尔·巴特(Karl Barth)又有所谓"独一《圣经》主义"(sola scriptura)、"对上帝的认知……永远是间接的"等等。④ 有趣的是,路德的"唯独"、巴特的"独一"起初都针对着人的限度,最终却无法绕过读经和释经的"主体",乃至"阅读"和"解释"成为理解的"唯一标准"(exclusive criterion)。⑤ 其中"唯一"的直接涵义,正是"排他性"。

以赛亚·伯林(Isaiah Berlin)曾经将这一问题说到了极处:"坚持自然或道德的唯一性",本来是要"拯救人们脱离错误和迷惘",结果却使人被"唯一性"所奴役,正所谓"始于拯救,而终于暴政"。⑥ 伯林的警告绝非耸人听闻,可能正是基于这一危险,德勒兹(Gilles Deleuze)才认为萨特(Jean-Paul Sartre)写于1937年的文章《自我的超越性》(The Transcendence of the Ego)是一切当代哲学的起始,因为他"在这篇文章中提出了'非个人的超越领域(an impersonal transcendental field)——其形式既不是个人的综合意识(a personal synthetic consciousness),也不是主体的身份,而恰好相反:主体永远是被构成的(the subject... always being

---

① David Tracy, *Dialogue with the Other: the Inter-religious Dialogue*, p. 49.

② Karl Barth, *Church Dogmatics, a Selection with Introduction*, New York: T & T Clark, 1961, p. 49.

③ 罗伦培登:《这是我的立场》,陆中石等译,南京:译林出版社,1993,第304—309页。

④ Karl Barth, *Church Dogmatics, a Selection with Introduction*, p. 40.

⑤ Werner G. Jeanrond, *Theological Hermeneutics: Development and Significance*, London: Macmillan, 1991, p. 31.

⑥ Isaiah Berlin, *The Roots of Romanticism*, Princeton: Princeton University Press, 1999, p. 3.

constituted)'"。① 由此,不同学说对单向主体的共同警觉逐渐成为当代西方思想的重要特征,从而我们看到一系列对于"主体"的重新界说,特别是从主格(I)到宾格(me)的转换。

对中国读者而言,潘尼卡(Raimon Panikkar)的"宾格之我"(me-consciousness)可能流传最广②,但是西方学者通常认为是莱维纳斯(Emmanuel Levinas)更早"以宾格的形式重述主体"(reintroduce the subject in the accusative)。就此,卡普托(John Caputo)有一段必须细读才能得其要领的归纳:"莱维纳斯的重述……可以前溯到基督教的《新约》和克尔凯郭尔(Søron Aabye Kierkegaard),后推至巴丢和齐泽克(Slavoj Žižek),勾连其间的则是《新约》中的圣·保罗。而在莱维纳斯和克尔凯郭尔的主体之间,共同的命名者(the common denominator)就是由回应所构成的责任主体(the subject of responsibility is constituted by a response)。"③何谓"由回应所构成的责任主体"? 为什么圣·保罗可以"勾连其间"? "命名者"又是由何而来?

从时间线索看,卡普托认为"呼唤"与"回应"的结构已经成为一种范式(the paradigm. . . of the structure of call and response),最初可见于《旧约·创世记》上帝要亚伯拉罕将儿子以撒献为燔祭的试探:"上帝……呼叫他说'亚伯拉罕!'他说'我在这里'。"(创22:1)此处的希伯来文 bineni, me voici,被直译为 see me standing here,从而"回应"和"宾格之我"都在其中。据卡普托分析,由"回应"(response)而生的"责任"(responsibility),是"他律的"(heteronomy)而非"自觉的"(autonomy),"无主的"(anarchy)而非"自主的"(autarchy)的,所以"主体"的"责任"是"受制于他者的需要,却不是……满足自身的需要"④,"责任的主体"也只是在这样的

① Alain Badiou, "The Event in Deleuze," translated by Jon Roffe, *Parrhesia*, Number 2, 2007, p. 37. 这篇文章摘译自 Alain Badiou, *Logiques des mondes* (2006: Editions du Seuil, Paris), pp. 403—410.

② 潘尼卡:《宗教内对话》,王志成等译,北京:宗教文化出版社,2001,第51页。

③ John D. Caputo, *The Weakness of God: A Theology of the Event*, p. 139.

④ Ibid. , pp. 137—138.

意义上才成立。正如巴丢的名言："人并不自发地思想，人被迫思想。"①

克尔凯郭尔在《恐惧与战栗》一书也特别论及"以撒的牺牲"，而德里达进一步将"以撒的牺牲"与《新约·马太福音》"你的父在暗中察看"并置为"语言的奥秘"，使《新约》与《旧约》在这一问题上得以联系。② 按照德里达的思路，这两段经文同样是"上帝看着我，我却看不见他"，那么"一切决定都不再是我的……我只能去回应那决定"，于是"'我'的身份在奥秘中战栗"，"我是谁"的问题（who am I）其实是要追问"谁是那个可以说'谁'的'我'"（who is this "I" that can say "who"）。③ 这样，"'我'的身份在奥秘中战栗"也就不得不重新审视"我"的"名字"。或可说：究竟"名字"属于"我"还是"我"因"名字"而在，这未必不是个问题。

于是我们可以联想到1980年到1998年间14位风采各异的思想者先后去世，德里达为他们写下哀悼之辞，后来被合编为《追思》一书④。其中反复提到：一个生命从得到名字的那天起，"名字"就注定会更为长久，注定可以"无他而在"（the name begins during his life to get along without him）；与之相应，"追思"本身也才成全了德里达的文字游戏——"当'追'而成'思'的时候"（when mourning works）。⑤ 无论"无他而在"还是"'追'而成'思'"，"名字"实际上都成为"生成和使用当中才有的一种语义，而不是一个放在那里的、等待我们去解释的名词"⑥；这可能就是卡普托所谓的"命名"（denomination），也是莱维纳斯将"哀悼"视为"第一确定性"⑦的原因。

---

① Slavoj Žižek, "Hallward's Fidelity to the Badiou Event," see Peter Hallward, *Badiou: a Subject to Truth*, p. x.

② Jacques Derrida, *The Gift of Death*, translated by David Wills, Chicago: The University of Chicago Press, 1995, p. 88.

③ Jacques Derrida, *The Gift of Death*, translated by David Wills, Chicago: The University of Chicago Press, 1995, pp. 90—92.

④ Jacques Derrida, *The Work of Mourning*, edited by Pascale-Anne Brault and Michael Naas, Chicago: The University of Chicago Press, 2001. 这14位思想者包括罗兰·巴特、保罗·德曼、福柯、阿尔都塞、德勒兹、莱维纳斯、利奥塔等。

⑤ Ibid., pp. 13—14.

⑥ Jacques Derrida, *Acts of Religion*, edited by Gil Anidjar, New York: Routledge, 2002, p. 57.

⑦ Maurice Blanchot, "Notre compagne clandestine," *Texte pour Emmanuel Levinas*, éd. par François Laruelle, Paris: J.-M. Place. 1980, pp. 86—87.

至于保罗"勾连其间"的作用,则有如巴丢和齐泽克的共同评价:保罗所建立的"基督教正统象征",实际上是通过"呼唤"与"回应"的转换,"为真理过程(truth-procedure)构置了形式"[1]。说到底,其基点仍然是对"主体"的重构,并借助基督教的经验来揭示那个"被中断的主体"(the punctured Subject)[2]、揭示普遍的意义结构。用卡普托的话说,这正是巴丢和齐泽克看中《圣经》传统的主要原因:使"不可决定的"得到了"决定"(decision of the undecidable)[3],也使"主体"随之"被构成"(it constitutes existential subjects)[4]。

以上种种论说看似云里雾里、不食人间烟火,其实处处踏在红尘,处处显露着直接的现实针对性。有如伊拉克战争之于德里达[5],卡拉季奇(Radovan Karadzic)受审之于齐泽克[6],当今世界许多并没有多少哲学意味的政治动荡都会引发哲人的玄奥思辨;反而观之,"主体"从"建构性"(constitutive)转换为"被构成"(constituted)的逻辑线索亦复如是。甚至在我们的日常生活中,可供同一类思辨的例子也无处不在。

比如巴丢曾就"非法打工者"进行解析:他们在打工地工作和生活,但是"非法移民"的身份标明了"效价"(valence)的不确定性或者"效价"的无效价性,他们生活在打工地,却并不属于打工地。因此他们的"主体"其实是呈现于"非法移民"这一"命名"。爱情交往也是如此:主体在爱情中的呈现(the subjective present)就在于"我爱你"的宣称,由此,"一种不可决定的选言综合判断便被决定

---

① Slavoj Žižek, *The Puppet and the Dwarf: the Perverse Core of Christianity*, Cambridge: The MIT Press, 2003, pp. 9,173.

② Robert Hughes, "Riven: Badiou's Ethical Subject and the Event of Arts as Trauma," 2007 *PMC Postmodern Culture*, 17.3, p. 3.

③ Alain Badiou and Slavoj Žižek, *Philosophy in the Present*, edited by Peter Engelmann, translated by Peter Thomas and Alberto Toscano, Cambridge: Polity Press, 2009, pp. 36—39.

④ John D. Caputo, *The Weakness of God: A Theology of the Event*, p. 318, note 5.

⑤ 德里达关于"伊拉克政权"与"谴责伊拉克政权不尊重法律的国际联盟"之讨论,可参阅 Jacques Derrida: *The Gift of Death*, translated by David Wills, pp. 86—87.

⑥ 齐泽克从卡拉季奇的诗句发掘"历史进程"与"上帝意志"的共同逻辑,即都是将自己视为"实现更高理想的工具"。见 2010 年 5 月 17 日和 18 日齐泽克在中国人民大学和清华大学的演讲稿,第 1—3 页。

（an un-decidable disjunctive synthesis is decided），其主体的启始也就维系于一种事件宣称的结果（the inauguration of its subject is tied to the consequences of the eventual statement）。……事件的宣称（the evental statement）暗含于事件的出现—消失（the event's appearing-disappearing），也表达了'不可决定的'已经被决定（an un-decidable has been decided）……被构成的主体（the constituted subject）随这一表达而产生，同时也为普遍性打开了可能的空间（opens up a possible space for the universal）"。[①]

上述的意义链条中最为独特之处在于：由"回应"而生成的"责任"和"身份"，因"不可决定"的"决定"而被构成的"主体"和"普遍性"，其实无需实体的，而只需逻辑的依托。即使被"宣称"的"事件"，从根本上说也是"不及物的"（the event is intransitive），"出现"亦即"消失"的（disappears in its appearance）[②]，可以超越政治、文化、个人或者理论，而仅仅是"思考的事件"[③]。这大概就是诗人马拉美（Mallarmé）的启示："除去发生，什么也没有发生"（Nothing took place but the place）。[④]

这一思想线索的针对性不言而喻：在形而上学的传统上，"从黑格尔、加缪，到尼采、海德格尔、德里达，更不要说维特根斯坦和卡尔那普（Rudolf Carnap），我们都可以发现一种或许是哲学之死的哲学观念"；然而用巴丢的话说，"终结"常常是积极的，比如"对于黑格尔，哲学的终结是因为哲学最终可以理解抽象的知识；对于马克思，解释世界的哲学可以被改变这个世界所取代；对于尼采，旧哲学的否定的抽象化必将被摧毁，以唤起一种真正的肯定，对一切存在的肯定；对于分析哲学，形而上学的语句纯粹是胡扯，因此

---

① Alain Badiou and Slavoj Žižek, *Philosophy in the Present*, edited by Peter Engelmann, translated by Peter Thomas and Alberto Toscano, pp. 36—38. 巴丢关于这一问题的公式 E→d(ε)→π，详参本研究之《意义：当代神学的公共性问题》第二编第二节"经文辩读"与"诠释的循环"。

② Alain Badiou and Slavoj Žižek, *Philosophy in the Present*, edited by Peter Engelmann, translated by Peter Thomas and Alberto Toscano, pp. 31,36—37.

③ 《本体论与政治：阿兰·巴丢访谈》，见陈永国主编《激进哲学：阿兰·巴丢读本》，北京：北京大学出版社，2010，第337页。

④ Alain Badiou and Slavoj Žižek, *Philosophy in the Present*, edited by Peter Engelmann, translated by Peter Thomas and Alberto Toscano, p. 32.

必须被现代逻辑范式下的清晰陈述所消解"。①

当"真理的蛋糕"被"切成小块儿"的时候，当我们"倾听"由"身体"、"礼物"、"书写"、"行动"、"法则"、"焦虑"甚至"动物"所生成的种种"道说"和"意义"的时候，"布丁"共同凸显的逻辑线索，正是一种积极意义上的"终结"。

如果就这一线索作出最简约的描述，那么也许只能留下另一个有待切割的悖论式"蛋糕"，即名词其实是动词性的，动词其实是交互性的。初读书由简而繁，再读书出繁入简，唯此而已。

---

①　Alain Badiou, *Philosophy as Creative Repetition*, pp. 1—3, see www.novaPDF.com.

引　言

"行动世纪"后的思考

> ……言语的巨人,行动的矮子。
>
> [俄]斯捷普尼亚克(Stepniak, S. , 1851—1895)

第一节　什么是行动?

什么是行动? 关于行动,我们又知道什么?

根据《汉语大词典》(1989 年)和《新编现代汉语词典》(2002年),"行动"一词的基本含义有:(1)走动,行走;(2)举动,动作;(3)为达到某种目的而进行的活动。[①] 也就是说,在现代汉语里,"行动"通常指的是一种身体性的、有目的的实践活动。

很多词典一般会在给出词语的含义后,附上例句来说明如何使用该词语。这样的顺序可能会使读者以为:是先有词语的既定含义,再有遵循该定义的词语使用。但是,实际情况恐怕恰好相反。词语的不同含义是词语的不同使用在一定历史阶段留下的痕迹,或者说词语使用后的积淀,而词典不过是对词语使用的地质学勘探。

当代汉语语境中,有一些论及"行动"的说法流传甚广,虽未必收录于词典,却在很大程度上塑造了今天人们对于"行动"的理解。它们既提供了思考"行动"的主要模式,也划定了讨论"行动"时的基本问题域,只是反过来说,它们也一直限制着我们对于"行动"的想象。

"言语的巨人、行动的矮子"这句话就是其中之一。它的流行,一方面是因为它以鲜明的对比揭示了一个令人懊丧的普遍

---

① 参见罗竹风主编:《汉语大词典》,上海:汉语大词典出版社,1989 年,第 908 页;欧少亭主编:《新编现代汉语词典》,延边:延边人民出版社,2002 年,第 1003 页。

经验：言语与行动之间的差异。这一差异并不必然是负面的，而即便在负面情况下，也绝不简单地是由于某人的无能或者品质恶劣造成的。它是事先对于行动的许诺，事后对于行动的描述与解释，以及对行动意义的归纳，与活生生的行动本身之间的必然差异。《圣经》中耶稣曾这样描述这一关于行动的悲剧性经验，"他们所做的，他们不晓得"（路加福音 23：34）。俄国思想家巴赫金（Mikhail Bakhtin，1895—1975）指出这是所有行动都会造成的一个根本分裂，并将此描述为某一行动的内容或意义与它在历史中的实际发生之间的必然分裂，因为行动的发生是一次性的，只在当下进行的（once-occurent）。① 换句话说，这一差异或者分裂是内在于行动本身的。那么行动是如何造成这种差异，或者说内在分裂的，它会引发怎样的结果？我们又该如何回应和承担言行之间的差异，或者说"言行不一"？尝试解答这一问题是本书的目的之一。

另一方面，这句话的流传也与 20 世纪的历史语境，从更深层面上说，与现代性历程密切相关。尽管这一说法在汉语中被频繁引用，但准确出处却鲜有提及，而随着俄苏文化当下对中国影响的式微，其产生的历史语境可能更容易被人忽略。这句话的作者并不是一般认为的俄国作家屠格涅夫（1818—1883），而是他的下一代俄国知识分子——革命者斯捷普尼亚克（Sergey Mikhaylovich Stepnyak-Kravchinsky，1851—1895），小说《牛虻》（一度在中国大陆享有盛誉）的主人公其原型之一。②

1894 年斯捷普尼亚克在屠格涅夫小说《罗亭》的英文版序言中这样写道，"罗亭是那一代人的典型，他既是时代的受害者也是时代的英雄，他在言语上几乎是个巨人，在行动上是个矮子。……作为一个不可抗拒的辩手，他所向披靡。然而一旦遭遇行动的艰难考验，他就可耻地一败涂地了。"③

斯捷普尼亚克所说的"那一代人"就是屠格涅夫笔下"多余人"

---

① M. M. Bakhtin, *Toward A Philosophy of the Act*, trans. Vadim Liapunov, eds. Vadim Liapunov & Michael Holqiust, Austin: University of Texas Press, 1993, p. 2.

② http://ru. wikipedia. org/wiki/Степняк-Кравчинский,_Сергей_Михайлович, 2012 年 4 月 20 日。

③ Ivan Sergeevich Turgenev, *Rudin*, trans. Constance Garnett, intro. S. Stepniak, London：BibloBazaar, 2006, p. 15. 着重点为笔者所加。

的原型,他们是 19 世纪俄国最早承受现代性之迫近,身处现代与传统、西欧与本土斯拉夫文化之双重矛盾中的现代知识分子。① 曾几何时贵族知识分子还以无所事事的闲适为正当,以机智而无功用的言辞为骄傲,现在却几乎被自己面对现代性时的手足无措,和“无所作为”的强烈虚无感压垮。斯捷普尼亚克以一种多少居高临下的视角回望那一代人:“《罗亭》……描述的是当下社会、政治运动开始之前的那个时代。那一时代正在被很快遗忘……”②因为现在他们这一代已经彻底厌弃上辈知识分子空洞的言语,开始大胆地拥抱行动、革命甚至暗杀:1878 年斯捷普尼亚克亲手用匕首杀死了沙俄的宪兵司令,三年后民意党人又刺杀了沙皇尼古拉二世。

　　然而,不论是“多余人”的退缩绝望,还是斯捷普尼亚克的躁动亢奋,恐怕都源于面对行动时的焦灼恐慌,而支配他们的也是同样的信念:只有行动才是最重要的。这是一个完全崭新的逻辑,正如阿伦特(Hannah Arendt, 1906—1975)所指出的,随着现代科技的诞生和笛卡尔对主体意识的发现,能够改变世界的行动从此被认为是最重要的人类活动,而不是此前一直被看做是接近神之活动的静观沉思。这是现代性最重要的精神结果之一。③英语“现代”(modern)一词源于拉丁语“modo”,其本意是“就在此刻,就在现在”,而现代性的悖论也正在于此。因为“此刻”转瞬即逝,“现在”总是立刻成为“过去”。“时不我待,赶紧行动”的焦虑正是现代性的焦虑。

　　“言语的巨人,行动的矮子”这句话自然会在同处现代性门槛的中国赢得强烈认同。“时间开始了!”,中国诗人跟随他们的苏联先驱一同欢呼,现代性带来的兴奋,很快就变成了行动的焦躁。在“斗争”,“跃进”,“运动”以及“革命”的背后,有着一致的信念——

　　① 斯捷普尼亚克认为,“屠格涅夫的小说是现代俄国思想史的艺术化缩影”。Ivan Sergeevich Turgenev, *Rudin*, trans. Constance Garnett, intro. S. Stepniak, London: BibloBazaar, 2006, p. 14.

　　② Ivan Sergeevich Turgenev, *Rudin*, trans. Constance Garnett, intro. S. Stepniak, London: BibloBazaar, 2006, p. 14.

　　③ Hannah Arendt, *The Human Condition*, Chicago & London: The University of Chicago Press, 1998, p. 289.

"我们的上帝是飞跃前进"！^① 尽管对行动的狂热，后来经由一种"科学实验主义"行动观（"实践是检验真理的唯一标准"）的调整有所冷却和转变，但对行动的功利主义理解，对行动之速度、规模和力量的崇拜一直延续至今。而上世纪 70 年代末重启一度中断的现代化进程之后，"岁月蹉跎"的焦虑更是加剧了这种倾向。当时的流行语"把丢失的时间抢回来"，今天的"成功要趁早"，都是这一行动观的反映。潜在地，这些流行语又反过来规范了人们对行动的想象，还有人们行动的模式。

本书的目的之二，就是要讲述一个与"言语的巨人，行动的矮子"这句话有些不同的故事。这个故事强调的不是行动的至高无上，也不是言语与行动的对立，而是行动与言语，与文本，乃至与文学之间的内在联系。因为我们将会发现，行动是一种联系，或者更准确地说，行动创造联系：身体与言语之间，言语与书写之间，现实与虚构之间，潜在与实在之间，可能与不可能之间。这是"行动"这一关键词的特殊之处，所以它无法被孤立起来研究。

这一联系在亚里士多德对悲剧的著名定义"悲剧是对行动的摹仿"中初见端倪，在"行动"之英文对应词"act"的词义中也留有痕迹。"act"作为动词，既有"做某事"之义，又有"扮演"和"假装"的意思。它作为名词，除了"行为、举动"和"戏剧中的一幕，一段表演"的含义外，还有"法令、法案"之义。^② 这些含义早在"act"的拉丁词源中就已经存在。^③ 更重要的是，20 世纪西方人文思想界围绕关键词"行动"产生出许多新的提法，比如"言语行动"，"从文本到行动"以及"文学行动"等等。它们打破了将行动只局限于身体行动的传统理解，为本书探讨崭新的联系性的"行动"观，提供了主要的思想资源。

因此在我们的故事里，以往对于行动的单一定义，"伟、光、正"

① 胡风（1902—1985）于 1949 年 11 月 20 日作政治抒情长诗《时间开始了！》。参见《胡风的诗：〈时间开始了！〉及〈狱中诗草〉》，北京：中国文联出版公司，1987 年。"我们的上帝是飞跃前进"一语出自马雅可夫斯基的诗《我们的进行曲》。参见戈宝权等译：《马雅可夫斯基诗选》，北京：人民文学出版社，1959 年，第 1 页。

② 参见［英］霍恩比著：《牛津高阶英汉双解词典（第四版增补本）》，李北达译，北京：商务印书馆 & 牛津大学出版社，2002 年，第 27,28 页。

③ 参见 T. F. Hoad 编：《牛津英语词源词典》，上海：上海外语教育出版社，2000 年，第 4 页；以及 "Online Etymology Dictionary"（在线词源词典），http://www.etymonline.com/index. php? allowed_in_frame = 0& search = act& searchmode = none，2012 年 4 月 24 日。

的宏大叙事,激动人心的口号,还有语重心长的教训,将让位于对行动丰富多样性的展示。

第二节 "行动的世纪"

图 1　佩佛·佛罗诺夫(Павел Филонов),《革命的公式》
(**Formula of the Revolution**),1925 年。俄罗斯圣彼得堡国家博物馆。

　　法国当代哲学家巴丢(Alain Badiou,1937—)认为,20 世纪的时代精神就是"行动至上"。[①] 他甚至用拟人化的方式提出,刚过去的这一百年一直在"试图通过它的艺术家、科学家、激进分子和恋人们而成为一个行动"[②]。

　　在先锋艺术的激进宣言与流派更迭,科学的颠覆性发现与发明,一场场革命、残酷的战争,改造人、创造新人的计划以及性观念与性行为的革命与解放等等现象的背后,是这个世纪对于行动的推崇,对于行动的开创力,对它引发的中断,对它在摧毁中创立,对

---

　　① Alain Badiou, *The Century*, trans. Alberto Toscano, Cambridge:Polity, 2007,p.152.

　　② Ibid.,p.147.

它直接触及真实——拉康意义上的大写的真实(the Real),对它紧紧把握当下的迷恋。

政治家说,"多少事,从来急。天地转,光阴迫。一万年太久,只争朝夕"①。艺术家说,没有时间再等待了,"我们必须是绝对当代的"②,"艺术本质上不再是对永恒的生产,不再是创造一个等待未来加以判断的作品⋯⋯20世纪艺术的倾向是围绕着行动而非作品转动的,因为行动作为开始的强烈力量,只能在现在中被思考"。③ 最后,"所有人都在说:'现在不是做梦的时候⋯⋯行动起来!抓住现实!结果证明手段!'"④任何对于行动的言语中介,任何象征秩序(the Symbolic)的存在都令人无法忍受。

那么身处"行动世纪"的西方思想家们是如何理解"行动"的?

我们可以大致总结出三条主要的思想脉络。

第一,将行动与否定相联系。法国思想家科耶夫(Kojève, Alexandre,1902—1968)综合马克思的唯物主义实践观和海德格尔时间化的本体论,在1930年代的系列讲座中对黑格尔的《精神现象学》,尤其是黑格尔对行动的论述进行了创造性解读。他认为,人的本质就是行动,而行动的本质则是否定性(Negativity)。

科耶夫所说的"否定"(negation)指的是这样一种现象:人类能够不接受原有的自然界,不接受既定的现实,甚至不接受自己的初始状态,从而改造和超越现状。而人之所以具有否定的能力,是因为天地万物之中只有人具有死亡意识,即个体的人知道自己将来一定会死这个事实。⑤ 从现象学的角度看,死亡的本质就是否定。通过理解和提前设想死亡,人得以把握否定的建设性力量。⑥ 而行动则是否定性在现实中的运作:人存在于时间之中,行动既会改变(否定[negates])既定的现实(存在[Being]),也会改变行动者(生成[Becoming]),因为行动者通过被转变的现实反思自身,接着再

---

① 毛泽东:《满江红·和郭沫若同志》。参见《毛泽东诗词三十七首》,北京:文物出版社,1964年。

② 马拉美(Stéphane Mallarmé),转引自 Alain Badiou, *The Century*, p. 134.

③ Alain Badiou, *The Century*, pp. 134, 136.

④ Ibid., p. 153.

⑤ Alexandre Kojève, *Introduction to the Reading of Hegel: Lectures on the Phenomenology of Spirit*, pp. 242, 246.

⑥ Georg Wilhelm Friedrich Hegel, *Phenomenology of Spirit*, trans. Miller, A. V., Motilal Banarsidass, 1998, p. 19.

通过行动超越自身。① 所以，"本体论中的否定性，在形而上学之中被认为是时间，而在现象学中就是人类的行动"。②

常识中的死亡和否定性，经过科耶夫的重新解释，不再仅仅意味着纯粹消极的破坏或毁灭，而理解为一种创造性的原则，其中转化的关键就是行动："否定还是人的自由，人的欲望，是重新创造的可能性……作为一种体现否定性的存在，人类展现出能够承载否定，恰恰因为他能够以自由行动的形式吸收和再现否定。"③

而与行动之否定性相关的就是行动需要行动者之外的他者（the other）。正是这种对他者的必需，使科耶夫的"行动"与马克思的"劳动"有了一定的差异。科耶夫强调，行动必须针对另一个非自然的、超越性的存在，即人；否则，如果针对的是一个"自然的非我"，那么"我"也只能成为一个"自然的"、"物性的""我"，"一个仅仅活着的我，一个动物的我"，而永远无法获得作为人的自我意识。④

这条思考行动的线索直接影响到拉康、巴塔耶和阿伦特⑤，间接影响到萨特、布朗肖，向下延伸至齐泽克、巴特勒等人。顺着这条思路，我们将在本书中追问，将否定性推之于极端的行动会是怎样的行动？就是说，将否定性贯彻到底，以至于否定甚至否定了自身，但又不会走向"否定之否定为肯定"的辩证法，即否定与肯定的统一。这种失去了否定的行动，这种不行动的行动，是不是可以与老子所说的"无为"形成相互阐释的关系？

第二，行动与人道主义的关系。

从哲学理论——以《存在与虚无》为代表，到文学思想——《什么是文学?》，乃至公开演讲——《存在主义是一种人道主义》，可以说"行动"就是法国存在主义哲学家萨特（1905—1980）最突出的关键词。他提出人的实在的基本范畴包括"拥有，作（doing）和存在"。

① Judith Butler, *Subjects of desire: Hegelian reflections in twentieth-century France*, New York: Columbia University Press, 1987, p. 65.

② Ibid., p. 65.

③ Ibid., p. 62.

④ Alexandre Kojève, *Introduction to the Reading of Hegel: Lectures on the Phenomenology of Spirit*, pp. 4, 5.

⑤ 他们都曾直接参加过科耶夫的讨论班。See Michael S. Roth, *Knowing and History: Appropriations of Hegel in Twentieth-Century France*, Ithaca: Cornell University Press, 1988, p. 226.

他反对形而上学的方式就是将本质先于存在的关系颠倒过来,提出人的存在先于本质。人的本质将不再是实体论式的本质,而是由选择和行动所决定的超越性本质。用萨特在演讲中的话更明确地说,"它(存在主义)是一个行动的学说,"[①]人采取一切行动把自己造成他所愿意成为的那种人,而人在为自己选择时也为所有人选择,"我在创造一种我希望人人都如此的人的形象……随时随刻发明人"。[②]

而在海德格尔看来,萨特虽然力图突破传统人道主义实体化的人性论,但实际上仍然是基于形而上学之上的讨论。首先,虽然萨特颠倒了关系式的顺序——存在先于本质,但是他保留了这一关系式,也就保留了其背后的思路和逻辑,"对一个形而上学命题的颠倒仍然是一个形而上学命题"。[③] 其次,在萨特这种制作式的行动观里,不仅"人"仍然是一切思考的出发点和目的地,而且现在连人自身也成了可以被加以制作的材料。萨特在破除人性实体论的同时,却把人的主体性推向了至高的位置,"一切存在者都显现为劳动的材料"[④],或者用布朗肖的话说,"他(人)是或者必须变成这样:他也许整个的是一件作品,他自己的作品,到最后,是对一切的制作。……没有什么不应该被他制作,从人性到自然(以及一直到上帝)。"[⑤]以"人"为中心的人道主义实际上是以形而上学的主体性为中心,对于海德格尔来说,正是现代性种种弊端——"物化、技术化、计算理性、超验之丧失"——的根源所在。[⑥]

对此,海德格尔又提供了怎样的进路来重新思考行动呢? 首先,思考的立足点和中心绝不应该仅仅是人本身,作为主体与客体发生关联的人,而应是人与存在之间的本质性关联——人是存在的看护者而非主人。[⑦] 行动的本质应该是完善,对存在与人的本质

① 萨特:《存在主义是一种人道主义》,第 31 页。

② 同上书,第 9,13 页。

③ 海德格尔:"论人道主义一封信",孙周兴译,参见《路标》,北京:商务印书馆,2000 年,第 386 页。

④ 同上书,第 401 页。

⑤ Maurice Blanchot, *Unavowable Community*, trans. Pierre Joris, Barrytown: Station Hill Press, 1988, p. 2.

⑥ Gail Soffer, "Heidegger, Humanism and the Destruction of History," *Review of Metaphysics*, Vol. 49, 1996, p. 547.

⑦ 海德格尔:"论人道主义一封信",孙周兴译,参见《路标》,北京:商务印书馆,2000 年,第 403,404,407,412 页。

之间关联的完善,即展开其本质的丰富性,而不是对这一关联的产生或者制造。结果实际上思考才是真正"最质朴也最高的行动",因为思考完善了这一关联,"存在在思想中达乎语言",而这一被存在带来、因而属于存在、同时又倾听存在的思考,倾听着存在的光亮/启明,因为存在的光亮将它所说的那些关于存在的话倾注于作为绽出之场所的语言之中。这样看来思考是一种超越所有实践(praxis)的活动,它"耸突于所有行动和制造之上,但却又不是由于它功劳伟大,也并非由于它所产生的结果,而恰恰由于它所完善之物的微不足道。"①

　　海德格尔涉及行动问题的讨论,有两点非常值得注意。首先是对人道主义的批判,它触及了行动世纪的悖论——主体化的行动者在自我创造(self-made)中将行动异化成了可以加以控制的制作,对行动的强调最终却偏离了行动。其次,在面对"上帝之死"时,他选择了关于存在的真理作为思考的起点,而非萨特式的"毫无借口,一切都只靠自己"的人。这摆脱了传统的无神论人道主义②,而实际上"第一次根据神圣之物的本质来对神圣的本质加以思考",也就是从存在之真理的角度——神圣的维度:"如果敞开的存在之维度没有被照亮,并且还没有在它的照亮中靠近人类,那么这一维度就仍然是隐藏的"。③ 简单说,海德格尔的存在论很重要的一点就是保留着从神圣维度出发的思考,或者如很多研究者所发现的那样,一种神学的维度。④

　　只是,我们还要留意一个有力的质疑:海德格尔虽然注意到我们还未充分地思考行动问题,可又一直在回避它,并"在相当的程度上造成了我们时代对于行动的遗忘"。⑤ 至少我们会感到奇怪,为什么后人很少提及行动问题在这封信中的重要性,而将注意力转向了别处? 我们将在本书第一章从阿伦特的角度对此作进一步

---

　　① 海德格尔:"论人道主义一封信",孙周兴译,参见《路标》,北京:商务印书馆,2000年,第367,366,426页。

　　② 海德格尔认为甚至传统基督教仍然是一种人道主义,"因为按其教义来看,一切都是为了灵魂得救,而且人类的历史就是在救赎史的框架内显现出来的。"参见海德格尔:"论人道主义一封信",孙周兴译,第376页。

　　③ 海德格尔:"论人道主义一封信",第414页。

　　④ John Caputo, "Heidegger and theology," in *The Cambridge Companion to Heidegger: Second Edition*, pp. 270—288.

　　⑤ Dana R. Villa, *Arendt and Heidegger: The Fate of the Political*, Princeton: Princeton University Press, p. 211.

探讨。

一方面,我们不能忽视海德格尔在 1946 年所提出的论断和批评:"对于行动的本质,我们还远远没有充分明确地加以深思。人们只把行动认作是某种效果的产生。人们是按其功用来评价其现实性的。"①在这封后来广为人知的信件中,海德格尔认为西方思想界过去对于行动问题的思考严重不足,而对行动的功利主义理解往往使行动沉沦为一种非本真状态。

最后,"言语也是一种行动"的提出。它源自于英国哲学家奥斯汀(Austin, J. L., 1911—1960)的言语行动理论(speech act theory)。和科耶夫非常相似,其代表作《如何以言行事》也是作者的讲课笔记(1955 年),并在他死后才得以出版。这些讲座的主要想法,据奥斯汀本人说,早在 1939 年就已经形成,并且并非偶然地发表在一家亚里士多德研究协会的杂志上。②

与科耶夫非常不同的是,他考察的是日常语言。而且他要表达的看法"既不艰深也不会引起什么争议",因为"要讨论的现象十分普遍和明显,不可能没有被人注意过,"只不过还没有引起足够的、特别的重视。③ 在这里潜藏着他的理论预设,即作者相信而非怀疑日常经验,并试图以常识为理论出发点。这是一条与科耶夫所代表的欧陆哲学很不同的思想进路。

奥斯汀辩解道,

> 我们共同的语言积累,体现了在一代又一代人的生命中人类已经发现的所有值得划分的区别以及所有值得注意的联系:这些当然很可能比你我坐在午后的扶手椅里想出来的要更多,更可靠,也更细致,因为它们已经经受住了长期的适者生存的考验。

因此,虽然"日常语言不是最有权威性的语言……只是要记住,它是最初的语言。"④换句话说,奥斯汀认为日常生活具有相当的可靠性和稳定性,而且历史是连续的,所以应该相信历史传承的

---

① 海德格尔:"论人道主义一封信",孙周兴译,第 366 页。

② J. L Austin, *How to Do Things With Words*, Oxford: Oxford University Press, 1962, p. v.

③ Ibid. , p. 1.

④ J. L Austin, *Philosophical Papers*, Oxford: Oxford University Press, 1979, pp. 182, 185.

力量。

奥斯汀从行动的角度看日常语言,发现很多言语并非如传统哲学家认为是某种陈述,是对某个事实的描述和表达,并可以用真或假的标准加以判断。它们既非真也非假,而实际上是在做事,比如祈使、命令、许诺、请求等等。准确地说这些言语本身就是一种行动,判断这些言语的标准是是否适宜(appropriateness)得体和恰当(felicity)。他将言语划分为述事言语(constative utterances)和行事言语(performative utterances),但表示这两者之间实际并没有截然的区分。他又将行事言语实施的行动细分为三个层次:言内(locutional)、言外(illocutional)与言后(perlocutional)行动。

他再三强调的重点是得体而有效的言语行动都包含一个最基本原则:"必须存在一个被接受的惯常的程序,这一程序会带来某种惯常的效果,此程序还将包括某些人在某些环境下说出某些话。"①

奥斯汀开创的言语行动理论影响深远,尤其是在破除传统形而上学框架下主客体的二元对立,言语与行动的对立上迈出了一大步。人们意识到言语向来就是人类非常重要的一种行动,而并非如我们经常抱怨的那样"不过是什么也改变不了的空谈",或者仅仅在陈述一个"客观事实"。言语行动理论在英语世界发展很快,后继者包括塞尔(Searle, John, 1932—)等,也极大地启发了欧陆思想主导下的哈贝马斯,巴特勒和费尔曼(Felman, Shoshana)等人。

"言语行动理论"在汉语学界的另一种翻译,或许也是更为普遍的翻译是"言语行为理论"。可能在无意中,"言语行为"一词反而更为贴切地捕捉到了奥斯汀致力的方向。那就是德里达所认为的,"一种关于正确的或者法则的理论,一种关于常规,关于政治—伦理的或者说作为伦理之政治的理论。它描述了……一种伦理—政治的话语的纯粹条件,而这一话语包含着与惯例性或者规则的意向性关系。"②从经常出现在激进否定性活动(军事,革命)中的"行动"变换为经常出现在社会学与心理学可计量、统计并加以预

引　言　"行动世纪"后的思考

---

① J. L. Austin, *How to Do Things With Words*, p. 26.

② Jacques Derrida, *Limited Inc*, trans. Sameul Weber, Evanston: Northewestern University, 1988, p. 97.

测的"行为",从一个侧面证明了德里达的敏锐:"这一'理论'被迫在它自身之中再生出它所研究之对象的法则,或者说把它的对象作为法则;这一'理论'必须屈服于它声称要加以分析的准则。"①然而,吊诡地是,奥斯汀的讲座和此后的出版却的确成了一个革命性行动,它打破了以往认识语言的惯例与准则。米勒(Miller,J. Hillis)分析认为"《如何以言行事》一书恰是对它没有达成其目的——获得法则与秩序——的记录"②。

也许日常生活和日常语言并没有奥斯汀所理想得那么日常、规则或者规范,也没有人可以生活在驱除了"寄生性话语"(文学话语)因而没有悬念和戏剧性的日常中——因为行动不是行为。我们将在适当的时候继续探讨这一问题。

那么今天呢? 让我们回到巴丢对 20 世纪的考察,看看构成"行动世纪"的那些重要特征如何延续到今天,在当下语境中又发生了怎样的嬗变。

20 世纪 80 年代冷战结束,社会主义在苏联和东欧退潮,西方主流话语——不得不承认也是目前世界的主流话语,为"历史的终结"和"自由民主"、全球市场理念的胜利而欢呼雀跃。福山在著名的《历史的终结与最后的人》一书中声称:"我们正在见证的不仅仅是冷战的终结,或者战后历史某个特殊阶段的结束,而是历史本身的终结,是人类意识形态演进的终结点,以及作为人类政体最终形式的西方自由民主制的普遍化。"③然而这在同时也无疑宣告了真正行动的终结,因为最后的行动已经在柏林墙倒下之时实现。从此所有的行动事先已经设计好,它们不过是对"普遍化"了的、居于统治地位的意识形态的执行,乃至推行。而既然这一主导意识形态已经普遍化,它就不再被认为是意识形态的一种,而成为普遍真理的化身,在此框架下剩下的一切问题都不过是经济问题、技术问题、管理问题和文化交流问题。终结的宣言有另一个鼓舞人心的版本,那就是"一切皆有可能"的口号,它魔咒或者病毒一般塑造着我们的欲望,并通过全球跨国公司——而不是巴丢所理想的艺术

① Jacques Derrida, *Limited Inc*, trans. Sameul Weber, Evanston: Northewestern University, 1988, p. 97.

② J. Hillis Miller, *Speech Acts in Literature*, Stanford: Stanford University Press, 2001, p. 59.

③ Francis Fukuyama, "The End of History?" *The National Interest*, Summer, 1989, p. 3.

家、政治家、科学家或者恋人们——之口喊出来，并加以大规模机械复制和流传。它的重点实际是对所有未知与不可能的驱逐——"Impossible is nothing"（没有什么是不可能的）。发明现代生产流水线的福特，早在 20 世纪初就在一句调侃中说出了这一口号背后的真实含义：

> 因此，1909 年的一个早上，事先毫无预告，我就宣布，未来我们打算只生产一种型号，这一型号将是"T 型"，所有汽车的车身底盘都将是完全一样的，我评论说："任何顾客，想要什么颜色的汽车就可以得到什么颜色的汽车，只要它是黑色的。"①

图 2　费尔南德·莱热（Fernand Léger），《纸牌游戏》（La partie de cartes），1917 年。荷兰克吕勒缪勒博物馆（Kröller-Müller Museum）。

"行动"正在被管理、技术和经济指导下的自动化、标准化和信息数字化所清除，"我们正在经历的，是经济对于技术的非常盲目和客观的挪用，它是对政治的主观与自愿的一种报复"。② 而萨特所鼓吹的决定我们本质的行动和选择正在被消费所取代，"我是谁"的问题被认为是通过我购买和消费什么产品来回答的，而消费就是消耗、毁灭和死亡。这背后似乎有一个古老的迷信在萦绕：我

　　① Henry Ford & Samuel Crowther, *My Life and Work*, Minneapolis: Filiquarian Publishing, LLC. , 2006, p. 83.

　　② Alain Badiou, *Century*, p. 9.

们吃掉或者说毁灭什么就成为什么。

或许不是偶然，这一主题正一遍遍地在虚构与现实中上演，从僵尸和吸血鬼系列电影到英剧《神秘博士》(*Doctor Who*)2010年元旦特辑"时间的终结"(The End of Time)里那个总是饥饿的大师(Master)，再到现实中疯狂的爱慕者杀死所爱慕的对象，或者枪杀（比如刺杀约翰·列侬）或者平静地砍下头颅拎在手里（比如朱海洋事件）。这并不是简单地由愤怒而引发的报复，而是一种极端的饥饿，极端的消耗—消费渴望，渴望同一与身份。因为孤独而没有自己，因为没有自己而饥饿，以为通过消耗/消费他者就可以获得身份，得到缓解。然而毁灭了他者，只会加剧最初的孤独与饥饿。

回首20世纪，我们正在承受另一种尴尬：行动刚成为世纪的主题，我们还没有来得及反思那些失败与悲剧，行动的时代却已经逝去。巴丢甚至认为自20世纪80年代，我们就进入了反动的复辟时期(the Restoration)。[①] 就西方思想界而言，很多知识分子都警觉到行动的危机及其引发的后果，阿伦特称之为动物劳动者(Animal Laborans)的胜利[②]，巴丢称之为技术自动化时代和动物性人道主义的到来。[③] 法国当代马克思主义思想家朗西埃(Rancière, Jacques, 1940—)提醒我们，由管理与经营构成的政治事务正企图取代真正的政治，所谓政治和意识形态实现和终结的事实宣告不过是一种欺骗，试图掩盖它们取消和终结政治的企图。[④]

讨论"行动"这一关键词无疑具有当下的紧迫性。

第三节 悲剧行动与哲学的"驱魔"

在参与到当代人文学思想对于行动的讨论之前，有必要回到行动问题在西方思想的源头去。这既是为我们现在的讨论获取历史根据和启发，也是从根源上考察西方形而上学传统对于行动的

---

① Alain Badiou, *Century*, p. 14.

② Hannah Arendt, *The Human Condition*, Chicago & London: The University of Chicago Press, 1998, p. 320.

③ Alain Badiou, *Century*, pp. 9—10, 175—78.

④ Jacques Rancière, *On the Shores of Politics*, trans. Liz Heron, London: Verson, 2007, pp. 3—4.

讨论可能存在的问题。

应该说,亚里士多德是最早对行动问题做出全面探究的西方思想家。他对行动的讨论主要集中于《诗学》、《尼各马可伦理学》、《欧台谟伦理学》和《政治学》这几部著作中。用今天的话说,行动问题对他必然是一个包括文学、伦理学与政治学等人文学科在内的多维度、跨学科研究。这也是本研究所采用的方法。

行动一定会涉及伦理、责任与政治问题,这似乎已是人们的共识,但是文学……? 理论界传统上认为,文学虚构中的"行动"是次生性的或者寄生性的。它是对现实行动的摹仿,是非实践性的,因此把文学排除在行动的本体论研究之外就是理所当然的。对亚里士多德行动问题的研究一般都不包括《诗学》。① 驱除文学这一不诚实、不虔诚、不道德、不确定的因素,是一个至少始自于柏拉图的悠久的哲学传统,我们可以称之为一场持续不断的驱魔运动。

但现在,我们恰恰要从这一未得到足够重视的维度——《诗学》开始,甚至以此为核心,对亚里士多德的"行动"作一简要解读。

亚里士多德对于悲剧的讨论,其核心就是行动。他写道:

> 悲剧摹仿的不是人,而是行动和生活[人的幸福与不幸均在于行动;生活的目的是某种行动,而不是品质;人的性格决定他们的品质,但他们的幸福与否却取决于自己的行动。]所以,人物不是为了表现性格才行动,而是为了行动才需要性格的配合。……没有行动即没有悲剧,但没有性格,悲剧却可能依然成立。……悲剧是对行动的摹仿,它之摹仿行动中的人物,是出于摹仿行动的需要。②

在这段话中,亚里士多德反复强调:悲剧摹仿行动(mimēsis praxeōs),而不是别的。这恐怕与现代读者对文学的理解有很大差别。启蒙运动之后在个人主义思潮熏染下的现代读者,或许更看重的是文学中对个体性格和心理活动的表现。这是亚里士多德对

---

① 包括阿伦特,在其涉及亚里士多德行动问题的最重要著作《人的境况》一书中,也未考察《诗学》;比较典型的是英美分析哲学下的行动哲学,比如 David Charles 著的《亚里士多德的行动哲学》(*Aristotle's Philosophy of Action*. London: Duckworth, 1984)。

② 亚里士多德:《诗学》1450b 27—48,陈中梅译注,北京:商务印书馆,1996 年,第 64—65 页。

古希腊悲剧的独特洞见。

亚里士多德将行动的重要性置于性格之上，是因为在他看来，行动是独属于人的能力。人以外的别的动物，它们的活动不能算行动①，因为没有自由意志，而神则无需行动，他享有无限自由，唯一的活动是沉思。② 亚里士多德在这种比较中提出，行动必须以自愿为前提，没有自由选择的余地，就没有行动可言。所以他强调，只有人在成年后拥有成熟的理智，不会只受感官和欲望的支配时，他才有自由选择的可能，才具备行动的能力。③

亚里士多德的行动观包含着反形而上学的因素。他强调，你选择什么样的行动，最终就使你成为什么样的人："我们通过做公正的事成为公正的人……通过做事勇敢而成为勇敢的人"。所以，人没有所谓不变的本质，是行动造就了人，而不是相反。由此，亚里士多德发现了行动中包含有趣的悖论："我们是通过做那些学会后应当做的事情来学的。"④就是说，很多事情在行动之前都是不可能的，但是行动将不可能变成了可能。

亚里士多德对于悲剧的探讨，还蕴含着他的伦理思考。他指出，人的一切活动都以善为目的，而最高的善是幸福。⑤ 幸福不在于具有德性而在于实现活动，是行动而非状态。⑥ 人的幸福与否恰恰取决于行动，而关于行动的科学，也是最高善的学问则是政治学。⑦ 这样悲剧、伦理学与政治学的多重维度就在亚里士多德关于悲剧摹仿行动的定义中交汇了。

只是，亚里士多德的政治某种意义上比我们现在所理解的政

---

① Aristotle，Eudemian Ethics 1222b 26 — 20, in *Aristotle's Ethics*, trans. Ackrill, J. L. , London：Faber & Faber, 1973, p. 200.

② Aristotle, Nicomachean Ethics 1178b 21 — 22, in *Aristotle's Ethics*, trans. Ackrill, J. L. , p. 175. 神也不行动的看法被阿伦特所强调，"非常令人惊讶的是，荷马的诸神只是在与人相关时才行动，远远地统治人或者干预人的事务。……（荷马史诗中）出现的是人与神共同行动的故事，而（行动的）场景却是由凡人所提供的……赫西俄德的《神谱》讲述的并非神的行动而是世界的起源"。参见 *The Human Condition*, p. 23, note1.

③ Aristotle, Nicomachean Ethics 1139a 17—20, Eudemian Ethics 1223a 17—20, in *Aristotle's Ethics*, trans. Ackrill, J. L. , pp. 114, 201.

④ 亚里士多德：《尼各马可伦理学》1103a 30—1103b 1。

⑤ Aristotle, Nicomachean Ethics 1095a 14—17.

⑥ 亚里士多德：《尼各马可伦理学》1098b 30—33。

⑦ 亚里士多德：《政治学》1094a 26—1094b 1。

治更加广泛。他提出，人在本性上是政治性的，或者说人是政治的动物（zōon politikon）："人类自然是趋向于城邦生活的动物。"①也就是说政治并不仅限于现代社会里的政体、国家管理、权力分配等等，它拥有更广泛、也更加基本的含义：生活在城邦（共同体）里，"他有父母、儿女、妻子，以及广言之有朋友和同邦人。"②政治就是与他人共同存在，以及因行动产生的人与人彼此之间的事务。而亚里士多德所说的政治学，也与现代政治学强调体系性的理论知识不同，它的目的是行动而不是知识，它既来自于人的行动，也以行动为题材。③ 简单地说，"政治是关于城邦生活的艺术"。而"政治是全体公民的事情，关心政治（即城邦的事务）是全体公民的义务"④。

阿伦特认为，现代人的普遍说法"人是一种社会性的动物（animal socialis）"，来自于罗马人的翻译，而希腊人对于政治的原初理解则在这一翻译中丢失了。此后人与行动、政治的密切关联被遮蔽，人与人之间的共在变成了在拉丁语中强调的"人与人为了某一特定目的而结成的联盟"，比如统治他人（societas regni）、实施犯罪（societas sceleris），或者商人共担风险（societas）。⑤

为了更好地理解亚里士多德的行动和政治观，有必要考察他对三种幸福生活方式（bios）的区分。它们之所以是幸福的，是因为人们为这三种活动本身的缘故而选择了它们，即活动的目的就在活动本身而非活动之外。还因为它们都是摆脱了生活的必需⑥而做出的自由的选择。在这里自由，拒绝成为工具和手段，以及幸福这三点达成了一致。这三种生活方式分别是享乐的生活，行动的生活（vita activa）和沉思的生活（vita contemplativa）。

其中享乐生活是动物性的，因而是最低层次的生活。行动

---

① 亚里士多德：《尼各马可伦理学》1097b 11—12；《政治学》1053a 1—5。

② 亚里士多德：《尼各马可伦理学》1097b 10—11，陈中梅译注，北京：商务印书馆，1996 年，第 36 页。

③ 亚里士多德：《政治学》1095a 3—6。

④ 参见亚里士多德：《诗学》，陈中梅译注，第 72 页，注 47。

⑤ Arendt, Hannah, *The Human Condition*, pp. 23—24. 阿伦特从词源学上的分析可以从生物学的角度得到支持，现在我们的确也把猩猩、蚂蚁或蜜蜂等称为社会性生物。

⑥ 亚里士多德举例说，比如粗俗的技艺——为了名声的技艺，屈从性的职业——为了挣工资，商业——买卖。Aristotle, Eudemian Ethics 1215a 25—34, in *Aristotle's Ethics*, trans. Ackrill, J. L, pp. 185—186.

生活也就是政治的生活，是最与人相关的生活，它处理的是人类变动不居的、具体的事务。与沉思活动中运用的"Sophia"或者后来所说的"theoretical reason"（理论理性）不同，行动需要的是人的"phronesis"或者"practical reason"，汉语学界普遍将它翻译为实践智慧或者实践理性。行动的领域里充满了差异与不确定性[①]，因此实践智慧的特点是它只能是粗略的、不精确的，而且因地制宜。[②] 而沉思生活关注的却是永恒不变的事物，普遍的而非具体的。沉思活动最为持久，最为自足，独自一人就可以进行，因此是最接近神的一种实现活动，也就是最高级、最幸福的生活方式。

沉思与行动的二元对立以及沉思优于行动的等级关系，并不始自亚里士多德[③]，但的确是在他这里第一次得到了全面清晰的论证。此后沉思与行动的对立在形而上学的传统中又衍生出理论与实践的矛盾对立，乃至文本与行动、虚构与真实等等……以至于阿伦特认为，"在我们的世界中，最分明和最基本的对立莫过于思维和行动之间的对立"。[④]

让我们再次回到亚里士多德《诗学》中对于悲剧的著名定义：悲剧是对行动（praxis）的摹仿（mimesis），而且是对一个完整行动的摹仿，摹仿的方式则是通过行动中的人。[⑤] 悲剧六要素中最重要的是情节编排（muthos），即对事件的组合编排，情节也是对行动的摹仿。[⑥] 要注意的是，戏剧（drama）一词有两个来源，"dran"或者"prattein"（名词形式是"praxis"），它们都是行动的意思。[⑦] 也就是说戏剧本身就是一个行动，它以行动摹仿行动，而情节编排也是对

---

① 亚里士多德：《尼各马可伦理学》1094b 15。

② "行动的问题……并不包含什么确定不变的东西……谈不上什么技艺与法则，只能因地制宜。"参见亚里士多德：《尼各马可伦理学》1104a 1—10。

③ 古希腊的毕达哥拉斯和阿那克萨戈拉开启了将人的主导生活方式做区分的思路。毕达哥拉斯将人分为爱智者，热爱荣誉者或热爱收益者，而阿那克萨戈拉则提出沉思是人生活的目标。到柏拉图，他将沉思的对象从物质实体提升到绝对理念，并将哲学家的沉思生活置于政治生活之上。See Jordan Aumann O. P.，"Historical Background", in *Summa Theologiae*，Vol. 46，Cambridge & New York ：Cambridge University Press，2006，pp. 90—91。

④ 阿伦特：《精神生活·思维》，姜志辉译，南京：江苏教育出版社，2006 年，第 77 页。

⑤ 亚里士多德：《诗学》1450a 3—5。

⑥ 亚里士多德：《诗学》第六章，陈中梅译注，北京：商务印书馆，1996 年，第 63 页。

⑦ 亚里士多德：《诗学》1448b 20—22，参见陈中梅注 23、24，第 46 页。

行动的摹仿,而且要实现把多个事件编排成一个完整行动。研究者发现在《诗学》的不少地方,情节编排和行动是同义的[1],难道情节编排也是一种行动吗? 它们是几种不同的行动还是行动本身的不同方面?[2]

历来研究者都倾向于恪守现实与虚构之间的严格界限,认为现实行动与戏剧摹仿行动或者推而广之的文学虚构行动是两种不同的行动,有先后乃至等级的差异。而利科则提供了一条富有启发性的思路:或许摹仿和情节编排不仅是一种行动,而且本身都是内在于一切行动之中的呢?[3] 正如《哈姆雷特》中的掘墓人所说:"一个行动包含三个部分——那就是去行动,去做,去表演。"(*Hamlet* 5.1.11.)对利科观点的详细讨论将在正文第三章进行。

如果悲剧本身就是一种行动,它是一种怎样的行动,对古希腊人又有怎样独特的意义呢? 根据韦尔南(Vernant, Jean-Pierre)的研究,悲剧对于城邦来说不仅仅是一种艺术形式,它还是城邦通过悲剧竞赛而建立起来的一种与政治和法律并行的体制。

> 城邦在执政官的授权下,在与公民大会和法庭所使用的同一个城市空场上,并按照与它们同样的体制法则,建立起一个向所有公民敞开的表演,这一戏剧表演由不同部落的有资格的代表来指导,演出和评判。

此时,虚构与现实的界限被悲剧行动模糊了,因为,

> 城邦把自己变成了一个舞台。在某种程度上,城邦表演的对象就是它自己,它在自己的大众面前把自己表演出来。[4]

古希腊悲剧参与城邦政治生活的方式,与历史上某些时期文学艺术活动与政治生活联姻的方式很不同。悲剧并不致力于强化

---

① 比如《诗学》1451b 33,1452b 37,同时参见陈中梅译注,附录"Muthos",第 198 页。

② 有研究者专门分辨并区分出《诗学》中涉及的几种不同的行动,呈现出行动一词在《诗学》中的多义性。比如王士仪"亚士《诗学》中行动一词的四重意义",载《戏剧》2001 年第 1 期,第 31—38 页。

③ Ricoeur, Paul, "Mimesis and Representation", in *A Ricoeur Reader: Reflection and Imagination*, ed. Mario J. Valdés, New York: Harvester Wheatsheaf, 1991, pp. 137—155.

④ Jean-Pierre Vernant, "Myth and Tragedy", in *Essays on Aristotle's Poetics*, ed. Amélie Oksenberg Rorty, Princeton: Princeton University Press, 1992, pp. 36—37.

某一封闭的意识形态，一遍遍地对不同的问题给出同一个答案，或者说反映某种被主导意识形态合法化和确立起来的"现实"。韦尔南指出，悲剧产生的时代是城邦、法律和公民身份建立起来的时代，"当神话开始从一个公民的视角被加以审视的时候，悲剧就诞生了"①。而此时悲剧对于行动的摹仿对城邦的政治生活来说就有了双重的意义：反思与实验。

悲剧行动的这一双重性内在于悲剧本身包含的互相矛盾的双重时间性之中，一方面是日常存在，透明而有限的人类时间，另一方面是超越凡俗人世的神圣的时间，"在它的每一瞬间都包含了所有的事件，有时事件被隐藏起来，有时又显现出来"②。

悲剧只取材于神话、史诗与传说中的行动和事件，它们发生在过去而不是现在，"观众所看到的总是那些人物，那些事件，并知道他们属于一个消逝的过去，""戏剧赋予了有血有肉的内容的对象并不存在于现实，"③这样从一开始悲剧就设置了一种距离，既是与现实的距离，也是与过去事件的距离。这一距离的产生不仅在于题材，在于现实与虚构的对立，还来自于舞台上行动的演员与作为旁观者的公民之间，以及悲剧内部两种要素——歌队与演员——之间的张力。

歌队，是集体性的、匿名的存在，由一组官方性的公民群体来承担。它的职责是通过它表现出的恐惧，希望，疑问和判断来传达观众的情感，而正是这些观众构成了城邦共同体。另一方则是由职业演员扮演的个体化的人物，他们的行动构成了戏剧的中心，他们作为来自往昔时代的英雄而出场，并总是或多或少疏离于当下公民的日常状况。

与此相应，悲剧的语言也是双重性的：歌队采用的是赞颂古代英雄的抒情诗语言，戏剧主人公对话时的语言格律则是近于散文的。甚至戏剧主人公本身也因此呈现出一种分裂性，一种与自身的距离：舞台背景与面具都使他具有杰出人物的被夸大的特征，而他的语言则使他又近于常人。过去与现在、神话世界与城邦世界

① Jean-Pierre Vernant, "Myth and Tragedy," in *Essays on Aristotle's Poetics*, p. 37.

② Ibid., p. 33.

③ 韦尔南:《神话与政治之间》，余中先译，北京：三联书店，2001年，第423页。

之间的矛盾也存在于悲剧人物身上,因此这些悲剧主人公不再是神话世界里作为楷模为人崇拜的对象,而成为引发城邦公众争论的对象,藉此悲剧提出人类生存困境的疑问。[1]

悲剧行动以距离为核心进行着一种既针对过去也直指现在的双向反思。它把遥远的过去搬演上来,就在过去所代表的神话传统与城邦新建立的政治和法律制度之间形成了一种碰撞,从而也就把城邦以及它的基本价值观置于受质疑的位置上。比如《奥瑞斯特斯三部曲》的结尾,"即便埃斯库罗斯,这位最乐观的悲剧作家,在他赞颂城邦的理想,肯定这一理想战胜了所有来自过去力量的时候,他似乎并没有以镇定和确信的口吻发出确定的声音,而是表达了一种希望,做出了一个请求,这一请求即使是在结尾欢快的高潮中仍然充满了忧虑。"[2]因为虽然代表旧传统、暴力、非理性和血缘关系的复仇女神被融入了城邦的新秩序中,人类同时建立起法庭来解决争端,但实际上两方面赢得的不过是十分"脆弱的妥协和不稳定的平衡"[3]。毕竟最后是靠雅典娜决定性的一票才赦免了奥瑞斯忒斯,结束了无穷尽的暴力复仇之链。也就是说甚至在看上去最乐观的悲剧结局中,仍然保持着矛盾的未解决状态。如果说神话一直在提供没有问题的答案的话,那么悲剧虽然接过了神话的传统,但却用这些传统来提出没有解答的问题。[4]

悲剧从一开始就告诉人们这是一个虚构的行动,它是对过去行动的摹仿。悲剧的摹仿行动重新打开了过去的行动,并在这种对于以往行动的演绎和延异中,对行动本身进行了一种反思。反思行动的前因后果,利弊正反两面,并预测行动的手段与目的。悲剧行动是一种反思性的行动,而过去的行动也在演绎和延异中成为一种"继续产生着问题的过去",而"这才是悲剧真正的动力"。[5]

悲剧不仅反思过去、质疑现实,它还质疑自身。如希腊诸神内部永无止息的争斗一样,悲剧一直处于内在的矛盾和争斗之中。它不仅保持着神圣与世俗、过去与现在的距离,它还保持着与自身

---

① Jean-Pierre Vernant,"Myth and Tragedy," in *Essays on Aristotle's Poetics*, pp. 37, 34.

② Ibid. , p. 37.

③ Ibid. , pp. 48—49, note5.

④ Ibid. , p. 34.

⑤ 韦尔南:《神话与政治之间》,余中先译,北京:三联书店,2001年,第436页。

的距离,所以悲剧行动一直是自我分裂的,多重化的行动。由此,悲剧才永远是一个问题,才永远保持开放,"悲剧并不是一种指示出结局和行动、描绘出一种人性本质、一种个体形式的文学体裁,它是一种从根本上有疑问的体裁。"①事实上也正由于它没有给出答案才永远没有终结,才使它不是一个具有终结的成品,而是一种持续的行动。

悲剧行动的另一面则是实验。悲剧反复地把行动中的人物置于选择的十字路口,置于未知的、不可理解的境地。无论是"突转"还是"发现",都意味着行动者必须冒险进入一个不可捉摸的领域,与命运以及那些不可知的力量较量。是毁灭还是生存,行动的意义和"我是谁"的问题只有在悲剧和所有行动终结的时候才可能被旁观者而非行动者知道。悲剧替所有的观众提问,也向所有的观众提问:"我不知道我该怎么做;我的心焦灼万分;我该不该采取行动呢? ……行动还是不行动,并承担命运的风险?"②也就是说无论行动与否,结果都无法被行动者所预测,无论是哪一种选择,只要选择就很可能反而落入命运的圈套。希腊人深知行动的不可预测性和不可控制性,并一直以命运和诸神力量的形式在悲剧中反复强调这一不可知维度。

悲剧不仅是对行动前如何选择的实验,还是对行动后如何承担责任的实验。悲剧产生的时代(公元前 5 世纪),正是城邦民主制和法律体系建立起来的时候,"作为文学体裁,它展示出那样一个时刻:作为行动者的人的问题产生出来……人与他的行动的问题……在希腊法律中也没有解决。……而在宗教所建立的东西和社会生活、政治生活尤其是法律刚开始建立的东西之间,正是在这一间距中,悲剧提出了问题。"③

韦尔南认为,尽管希腊人此时还没有发明用来表示意志,特别是自由意志的词汇,更没有精神自主的概念,但是人们已经开始在悲剧的实验中思考行动者的意愿与行动结果以及责任之间的关系,并探究:人在多大程度上独立于宗教的力量(命运与诸神)之外是其行动的源头乃至主人,而行动的意义对行动者来说是清晰的

① 韦尔南:《神话与政治之间》,第 444 页。

② Aeschylus, *Suppliants*, pp. 379－380. 转引自 Jean-Pierre Vernant, "Myth and Tragedy," in *Essays on Aristotle's Poetics*, p. 33.

③ 韦尔南:《神话与政治之间》,第 442 页。

吗？那么相应的，人应该在多大程度上承担其行动的后果？

> 悲剧的真正的领域就在这一边缘地带，在这里人类的行动与神的力量纠结在一起，而行动通过变成超越于人并避开人的秩序的一部分而获得它们的真正含义，而这是行动者所无法知道的。[①]

现在如果站在悲剧所处的"边缘地带"反观亚里士多德的《诗学》，我们就会发现一个惊人的缺失——它很少讨论悲剧的神话—宗教维度。而实际上悲剧与酒神节之间有着非常密切的关联，甚至整个戏剧表演就是以酒神祭台为中心的。[②] 与这一缺失相对应的是亚里士多德对歌队作用的忽视和抑制[③]，因为歌队所起的作用恰恰是对神的赞颂、呼唤和祈祷，对命运的感叹，对神话与宗教空间的建构。我们不免怀疑，亚里士多德对于神话—宗教乃至歌队的"驱逐"，很可能是在努力消除那些恼人的含混、疑问和悖论，将不可知的因素排除在行动的理解之外。他想使行动成为真正属于行动者的行动，并在纯粹人类的维度上确立起行动的可理解性和因果关联性。或许在他看来只有这样人们才能真正承担起各自的责任。

不仅如此，他还根据逻格斯（logos）对于符合真理和可理解性的要求，把哲学为 logos 树立的敌人 muthos 理性化、单义化为情节编排。[④] 而 muthos 原本并非仅仅指关于诸神与英雄的故事、传说，更重要的是它本来带有很强的宗教意味，意指秘密的神圣言说（hieroi logoi）。[⑤] 这一神圣的言说实际上"既不言说也不隐藏，它暗示"。[⑥] 它代表了一种悖论性的思维，一种公开撒谎和蛊惑人心的话语，而且它只提出问题而不解答。这是一种布朗肖所说的同

---

① Jean-Pierre Vernant, "Myth and Tragedy," in *Essays on Aristotle's Poetics*, p. 39.

② 韦尔南：《神话与政治之间》，第 433 页。

③ 《诗学》仅在第 18 章的结尾一段讨论了歌队。

④ Stephen Halliwell, *The Poetics of Aristotle*：*translation and commentary*, London：Duckworth, 1987, pp. 11—16.

⑤ Jean-Pierre Vernant, "Myth and Tragedy," in *Essays on Aristotle's Poetics*, p. 34.

⑥ Heraclitus, Fragment 93："The lord whose oracle is at Delphi neither speaks nor conceals, but gives a sign." 转引自 Maurice Blanchot, *The Infinite Conversation*, trans. Susan Hanson, p. 443, note 10.

时在多重空间里回响的多重言说(a plural speech)。①

在悲剧产生一百年后(公元前 4 世纪),刚刚诞生的哲学,这一以建立真理为目的、致力于解决矛盾的话语,这一"结论早就寄居于各种前提中"的话语②,它从驱逐诗人、埋葬悲剧和诡辩开始,力图把不可知、不确定和矛盾悖论从对行动的理解中最终驱逐出去。这是一场延续至今的由形而上学发起的驱魔运动。

不论是"现实性"的直面当下,还是"理论性"的追本溯源,都使我们相信"行动"成为当代人文学与神学的关键词之一绝非偶然。而太久以来人们已经习惯了在形而上学设定的框架下讨论行动,束缚于思与行,以及由此产生的理论与实践,言说与行动乃至文本与行动,精神与身体,虚构与现实等等的二元对立。人们在说到行动时,总是强调主体,鼓吹积极、主动性、决断、力,贬斥消极、被动性、不可决断以及弱。

那么如何突破形而上学传统,寻找一条走出行动危机的出路?

或者承认根本没有出路。因为越是反抗挣扎,越是自信摆脱了形而上学就越是深陷其中,正如自信满满而又在劫难逃的俄狄浦斯?或者许诺我们不会提供一种最终的出路,因为任何终极解决都将结束行动,从而以一种新的方式再次确认了形而上学?再或者,我们应该像《城堡》中的 K 那样,以一种非反抗的反抗态度,即麦尔维尔(Herman Melville, 1819—1891)笔下公证人巴特比"我更愿意不"……(I prefer not to)的态度,响应那个匿名地、错误地发出的召唤,那个被完全遗忘之后才被人想起来的召唤。接着我们再行动起来,像好兵帅克③那样用嬉戏跃入无尽的历险?因为通向城堡的路就是城堡本身,是行动使它存在,又使它永远无可抵达?

① Maurice Blanchot, *The Infinite Conversation*, trans. Susan Hanson, Minneapolis: University of Minnesota, 1993, pp. 80—82.
② 韦尔南:《神话与政治之间》,第 427 页。
③ 参见雅·哈谢克:《好兵帅克》,萧乾译,南京:译林出版社,2001 年。

第一章
政治行动——不及物性

> 对于行动的本质，我们还远远没有充分明确地加以深思。
>
> ——海德格尔："论人道主义的一封信"①

本章将为"行动是什么"提供一个初步回答，借助的是阿伦特的政治学思想。

阿伦特政治学思想的核心可认为是一种"不及物"的行动观，而所谓"不及物"是指行动的目的仅在自身，而且行动既不隶属于主体，也不应该被沦为手段。这种行动观放弃了形而上学中"我思"个体可以独立自足（sovereignty）的幻觉，而强调"之间"性（in-betweenness）。它强调，比单数存在更重要的是复数存在（plurality）——共存，而真正的行动只能存在于人与人之间，这些都需要公共空间的保障。这一行动观还将行动与"诞生"所象征的开始力量相联系，它拥抱"开始"中蕴含的不确定性与不可预料性，也即"奇迹"，而不是像传统哲学那样憧憬死亡和它带来的终结——确定性与意义。然而行动的时间性决定了它过去的不可逆转需要宽恕，它现在的易逝需要叙述的见证，它未来的不可预知需要承诺，因此行动需要言语和书写作为解药。

第一节 对抗形而上学的行动政治学

一、从"我思"到行动

1958 年阿伦特出版了《人的境况》（*The Human Condition*）一

---

① 海德格尔："论人道主义一封信"，孙周兴译，参见《路标》，北京：商务印书馆，2000 年，第 366 页。

书的英文版,此后不久她亲自将该书翻译成德文,并加了一个拉丁语的、意旨更明确的标题 *Vita Activa*(行动生活)。这本被哈贝马斯看成是"对亚里士多德行动观念的系统更新"的书[①],或许也是 20 世纪最重要、最全面的一本从政治学维度探讨行动问题的著作,在很大程度上就是对海德格尔"论人道主义的一封信"第一句话的回应。只是,无论在公开场合还是在私下里,海德格尔至死都没有对这本书,这本被作者"完全归功于"他的书以及作者其后的作品作只言片语的评论[②],他当然完全有理由这么做,因为阿伦特在这些著作中几乎是针锋相对地指出,以纯粹的"沉思"作为至高追求和思考起点的思想,仍然是极其"唯我主义"(solipsism)和形而上学的,她暗示这或许就是包括海德格尔在内的形而上学家们,在现实政治和理论思考中出问题的根源所在。

阿伦特认为,与其说形而上学是谬误,还不如说它是一种进入孤独我思(the thinking ego)时自然出现的唯我主义幻觉。[③]

从古典语文学出发,她用古罗马人的生活体验提醒我们,所谓"活着"(to live)就是"生存在人们之中"(inter homines esse [to be among men]),而若"不复身处于人们中"(to cease to be among men [inter hominess esse desinere])则意味着"死亡"(to die)。当我们进入沉思活动时,必须以遗忘眼下在场事物为前提,沉思"中断一切行动,中断日常活动……使我丧失行动能力"[④],这样才能让不在场的、远处的思考对象进入沉思的观照。所以沉思者的理想是摆脱身体的拘牵。柏拉图对于身体的敌视是极其真实的,沉思不希望被咕咕响的肚子打扰,也不希望分心于现象世界,分心于"我与同伴交往时获得的常识体验,"虽然"这些体验保证了我对自身存在的真实感"。[⑤]

同时沉思总是一个人进行的孤独的活动,这样沉思者就进入

① Jürgen Habermas, "Hannah Arendt: On the Concept of Power," in *Philosophical Political Profiles*, Cambridge: MIT Press, 1983, p. 174.

② 克里斯蒂娃:《汉娜·阿伦特》,刘成富译,南京:江苏教育出版社,2006 年,第 17, 23 页。

③ Hannah Arendt, *The Life of the Mind: Thinking*, London: Secker & Warburg, 1978, pp. 11—16, 45—53.

④ Ibid., p. 79.

⑤ Ibid.

一种退出众人和世界的状态。① 她的唯一现实显现就是心不在焉，"形容枯槁，心如死灰"这是一种对死亡的预期。所以柏拉图说学习哲学就是学习死亡，叔本华认为"死亡实际上是哲学的启示神灵，没有死亡几乎就没有任何哲学研究，"而海德格尔则在《存在与时间》中向我们发出"提前进入死亡"的号召，"把对死亡的预期当作人获得本真自我，以及从'常人'的非本真性中解放的决定性体验。"②哲学或者说西方形而上学所追求的真理一直就是建立在死亡与沉思的密切关联之上。

　　这并不是对沉思活动本身的谴责，而是对沉思自身的反省，和对可能产生形而上学谬误的警惕。死亡的痴迷结合"我思"的自恋（死亡本能与纳卡索斯情结之间是否有更深的关联?）使沉思者忽视了人不仅是思的存在还是行动的存在，更重要的，遗忘了人的存在的多重性或多样性（plurality）。这是一个最基本的人类境况（human condition）：是众多不同的、不可替代的人共同——曾经、正在和将要——生活在地球上，而不是一个单数的、抽象的、大写的、没有时间性的人。不是一个可以被孤独的我思来加以代表和取代的人，比如像《神秘博士》里将所有地球人都变成自身复制品的"大师"。耶稣对于创世纪的解读，也指出了人之在世的复数性："那起初创造他们/她们的，是把他们/她们造成男人和女人。"（马太 19:4）③

　　而这一点正是海德格尔在 1924 年对亚里士多德的重新解读中曾经很接近却又最终错过的。在对"此在"的思考中，他用柏拉图追求永恒的理论理性（sophia）代替了亚里士多德提出的面向不确定性、变动和差异的实践理性④，并"放弃了亚里士多德的行动的冲突性和多重性，以及神话、历史与悲剧所特有的旁支错出的模式。"⑤他想当然地认为，思是"最质朴的同时也是最高的行动"⑥，将行动同化到思的唯我主义中，从而在事实上以理论理性的唯我主

————————

　　① Hannah Arendt, *The Life of the Mind*: *Thinking*, p. 79.

　　② Ibid., pp. 79—80.

　　③ 本文根据中英对照《圣经》(新标准修订版)英语转译，原文如下："Have you not read that the one who made them at the beginning 'made them male and female'"。文中着重点为笔者所加。

　　④ Julia Kristeva, *Hannah Arendt*: *Life is a narrative*, pp. 21—22.

　　⑤ Ibid., p. 23.

　　⑥ 海德格尔："论人道主义一封信"，第 367 页。

义取代了实践理性的多重性。克里斯蒂娃认为,海德格尔对多重性、节制和暂时性的忽视,使得他的思想包含有危险的专制因素,并与独裁行动和极权统治有亲缘关系。[①]

真正的行动需要他人,也必须发生在人与人之间,在各种人类活动中只有行动可以让我们体会到存在的多样性,所以站在行动的立场上重新思考,并参与行动,或许会为我们提供一种突破形而上学的可能。

二、行动的政治学

如何尊重、保持并适应多样性这一人类境况,如何在城邦(共同体)中与他人共同生活并参与公共事务? 阿伦特认为,这恰是政治的本真含义之所在。亚里士多德说"人在本性上是政治性的动物",这意味着政治——以多样性的共同生活为目的——对人的存在来说是本体性的维度。然而,现代人几乎径直将政治与国家和政府等同起来[②],使之变成狭隘的统治、管理之术,最终造成政治的经济殖民化,把政治生活变成以经济增长与获取利润中心的谋划、经营和投机活动。现代政治在很长时间里遗忘了一个更加根本和紧迫的问题:在参与政治生活之前,如何使政治成为可能? 如何站在行动的立场上,进行政治性的思考和政治性的行动?

与海德格尔相同的是,西方哲学对阿伦特来说,就是起自柏拉图的形而上学传统,为了批判这一传统必须返回到希腊的前哲学时代寻找资源。与海德格尔极其不同的是,她思想的核心词是"行动"、"诞生"(natality)和"叙述"(narrative),而非思、死亡和诗。因而她倚重的就并非是那些前苏格拉底的思想家,并非理论的历史,而是人之行动的历史、摹仿人之行动的悲剧和史诗。她考察历史中的行动和事件,从中挖掘古希腊人宝贵的城邦政治生活经验。她的主要思想资源是被思维者所忽视的行动者的体验,包括希罗多德和修昔底德的历史,荷马史诗,以及古希腊悲剧。严格区别于哲学,她把自己建立在行动立场上的思考称之为政治学。她认为

---

① Julia Kristeva, *Hannah Arendt: Life Is a Narrative*, p. 23.

② 菲利普·汉森(Phillips Hansen):《汉娜·阿伦特:历史、政治与公民权》,刘佳林译,南京:江苏人民出版社,2004 年,第 1 页。

在人作为思维的存在与作为行动的存在之间有一种张力①，而传统的哲学家却在思维优越于行动的等级中忽视了行动的重要性，因此未能澄清实践领域（vita activa）中包含的多层次结构关系。②

阿伦特以古希腊城邦为参照系，指出现代性的弊病之一就是政治的沉沦和异化，而要揭示行动的沉沦，必须厘清实践活动的不同层次。她延续了亚里士多德在行动（praxis）与制作（poesis）之间所做的区分，又加入了马克思所强调的劳动。这样，笼统的实践活动应该包括劳动（labor）、工作（work）和行动（action）这三个类别。

劳动对应的人类境况是人的生命本身，即劳动为人的生命过程提供生存必需品，满足生命新陈代谢的需要，在这点上人与她所身处的自然界是没有区别的。工作对应的基本境况是世界性，即人通过工作打造一个人工的、非自然的世界，使得作为个体的人得以栖居在这个抵御外部自然盛衰更迭的空间。世界的持久性使人从永恒循环的自然时间中解脱出来，得以开创自己的时间。只有这样个体才能从抽象的物种中显现，我们才会在一年四季的自然时间之外镌刻上人的时间——公共和私人性的节庆、纪念日。行动则对应于人的生存的多样性，这一人类境况常常被形而上学遗忘，却与政治生活联系最紧密。③

这三种实践活动分别遵循着不同的原则：劳动以个体和物种的生存为目的，它遵循的是必需性（necessity），其活动过程是生产与消耗/消费的无尽循环，倒不如说它是非生产性的，因为劳动的产品很快就消失在自然生命的循环过程中；工作以构建人与自然之间的世界为目的，它的特点是物化（reification），追求终极产品的持久性（durability），遵循的原则是实用性和功利性（instrumentality），有很强的手段与目的的考量，也就是工具理性和计算理性；只有行动，不仅摆脱了必需，也摆脱了手段—目的论——行动的目的就在本身，在于行动过程本身的充分展现，也就是亚里士多德所说的纯粹的"实现活动"（actuality [energeia]）。④

三种实践活动之间的联系在于，劳动者受制于生命的反复循环

① Hannah Arendt, "'What Remains? The Language Remains': A Conversation with Günter Gaus," in *The Portable Hannah Arendt*, New York: Penguin Books, 2000, pp. 3—4.

② Hannah Arendt, *The Human Condition*, p. 17.

③ Ibid., pp. 7—8.

④ Ibid., pp. 206—207.

过程,而工作则通过建立持久的人的世界,把他从被自然囚禁的状态中解救出来。工作将实用性看作一切事物唯一的意义,实际是消除了一切意义,也消解了所有价值。而人与人之间的行动与言语产生了各种包含意义的故事,从而使人免于工作功利性的纯粹虚无。①

澄清了实践活动的不同模式后,再回到现代性框架下对政治的理解和政治实践,我们会发现政治性的行动正在被现代性异化为工作,甚至是劳动。

三、形而上学对政治的异化

阿伦特首先通过比较古典语言与现代语言中对于行动的不同理解,使深陷于当下语境的我们意识到现代社会对于行动的异化。古希腊语中有两个不同但又相连的词汇,它们都对应于现代的"行动"(to act)一词。它们分别是"archein"(意指"开始","引领"和"统治")和"prattein"(意指"经过","完成"和"结束")。对古希腊人,行动总是开始、统治与实施、完成这两个部分紧密结合的。② 而现在我们对于行动的理解只是"prattein",即完成,"archein"则独立出去专门意指统治。③

政治被狭义化为统治和命令,而行动则只限于对命令的执行和完成。这或许正是形而上学所理想的情况:哲学家专门从事的活动——沉思,这一最高级别的人类活动。沉思的哲人王由于摆脱了一己私利,也摆脱了所有的个人属性,而成为一个纯粹的"我思",进入一个纯粹自由的毫无障碍的思维世界。所以他能够看透纷繁复杂、风云变幻的表面现象,发现背后永恒不变的本质。然后他根据这一本质,规划出最符合人类本质也最符合人类整体之幸福的政治生活蓝图——理想国。而其他人听从这个比他们更有资格思考的哲人王,"行动"(实际是执行)就好了。

阿伦特指出,这一对行动的异化,即将行动削减为对统治者规划的完成,或者说根据蓝图制作,在理论史上始自于柏拉图,从此就成了几乎所有西方政治哲学的理论基础。

在《政治家篇》中,柏拉图写道:"真正的王者政治之道,它自

---

① Hannah Arendt, *The Human Condition*, p. 236.

② 阿伦特特意提示我们,荷马在史诗中对这两个词汇的使用是证明这一点的绝佳范例。See Hannah Arendt, *The Human Condition*, p. 189 n16.

③ Hannah Arendt, *The Human Condition*, p. 189.

身并不行动,而是控制那些能够行动的人,"这种真正的政治"应该知道何时是开始启动城邦中重大事务的恰当时机,而其他人必须执行已经为他们安排好的计划。"①原本行动的互相依赖性,开始、领导与完成、实现之间的协同、交织现在被划分为两个不同的领域,而柏拉图是思想史上第一个引进知道而不行动者与行动而不知道者之间划分的人。思想对应于统治,而行动者则不仅被隔离于知以外,还成为应该被统治的人。②当代政治哲学中,甚嚣尘上的少数人与多数人的划分,以及相应的以隐微的方式避开多数人,教育少数人,并与少数人商讨如何统治那些只能用显白方式加以教化的多数人,安排他们的生活等等,几乎就是柏拉图观念的翻版。

可问题就在,这个进入沉思、接近神的活动的"思维的我",究竟是真的摆脱了利益的考虑,化身为一种纯粹为公共并自身就是公共的思维?还是有意或无意地通过佩戴"为公共"和"追求真理"的护身符来占据有利地位,建构起话语的霸权,为自己的特权地位寻找合法性基础,并拒绝反省自身立场的有限性?再或者即便声称自我反省,这种自我反省也是为了免于来自其他人的批评?毕竟,再深刻的自我批评也无异于抓着自己的头发试图把自己从椅子上提起来。

更为严重的是,在柏拉图把这种少数资质高者统治多数平庸者的政治,类比成编织这种制作活动时,就暴露出形而上学将政治异化为制作的企图,以及其中必然裹挟的暴力。

> 政治家会让所有其他人接受训练——这些人事实上不具备足够的能力去像国王那样织造城邦,但愿意成为材料,让国王能够科学地把他们织成一个整体。③

把他者当作一种材料来编织,我们对这种政治理论和实践并不陌生。"从灵魂深处改造人"的口号或许能更显白地表达柏拉图的隐微:

> (小苏格拉底:)怎么个织法?(客人:)他首先用一种神性

---

① Plato, *Statesman*, 305d, in *Complete Works of Plato*, ed. John M. Cooper, Indianapolis: Hackett Publishing Company, 1997, p. 351.

② Hannah Arendt, *The Human Condition*, p. 223.

③ Plato, *Statesman*, p. 309b.

的结合力把他们灵魂中的超自然成分连接在一起，……充满活力和勇气的灵魂会在这种真理的把握下被造就得很温和，自愿成为一名建立在正义基础上的社团的成员……①

可是暴力的吊诡之处就在于它总是难以预料地失控，总是从工具的位置上挣脱出来。如阿伦特所说，暴力这一手段总是有压倒其美好理想的危险②，也就是说暴力的主人最后变成暴力的奴隶，甚至被暴力所吞噬。暴力一旦被当作合用的工具引入行动领域，它就有可能成为唯一合理的原则，并将以它的绝对虚无摧毁一切意义基础和一切合法性论证。当丹东宣称以暴制暴并主张处死路易十六时，恐怕不会想到不久之后自己将被亲手建立的法庭送上断头台。而判处丹东死刑的罗伯斯庇尔和圣茹斯特亦没有料到三个月后自己也落得同样的下场……

有学者怀疑阿伦特对于行动的讨论缺乏伦理维度，而实际上在她对三种实践活动的划分和对形而上学唯我主义的批判中就潜藏了很强的伦理准则。行动领域，也就是人与人的关系领域，严格排除了劳动领域的消费原则（破坏性）与必需性（奴役关系），也排除了工作领域的功利性。这就意味着人绝不能再以形而上学中主体对客体的态度，以某种必需的名义牺牲他人，将消耗他人看作为了实现某目的而必然偿付的代价。再或者把他人当作某种材料加以制作，或看成某种手段来使用。这一切都危害到了行动的本真性和生存的多样性。

第二节　公共领域与行动

> 每一个人都受欢迎！
>
> ——卡夫卡：《美国》

一、"我思"主体的消失

如此，我们或许会感觉阿伦特在用行动的主体间性（intersubjectivity）取代形而上学"我思"的独一主体性。这一点似

---

① Plato, *Statesman*, p. 309c, e.

② Hannah Arendt, "Reflections on Violence," *Journal of International Affairs*, 23:1 (1969), p. 2.

乎从她对形而上学自由观的批判里得到了确认。

形而上学传统一直将自治(sovereignty)看作是理想的自由，即自由就是自治，绝对的独立自主，完全的自足与控制。阿伦特指出，这种完全的自足与控制来自于独一主体沉思时无限自由、为所欲为的幻觉。然而即便将这一幻觉付诸实践，也不会成就某个人的完全自治，实际结果要么造成"其他所有人都在某个人的肆意控制下"，要么某人陷入自我欺骗，"用想象的世界取代现实世界，而在这个想象世界里其他所有人都不存在。"[①]科耶夫指出，将自由等同于完全自治的根本谬误在于，自由需要自我意识，而自我意识的实在性又是遭遇另一个不同的自我意识，即遭遇他者并被他者"承认"时才产生出来。[②] 所以沉思中唯我主义为所欲为的"自由"是虚假的，真正的自由只能在行动中体验得到。所谓思想的自由如果真的就仅限于思想，而从来不在言说和行动中得到体现，那它不会遭到任何专制政府和独裁者的反对。

不过，熟知胡塞尔现象学——主题之一就是主体间性理论——的阿伦特，在谈到人类的多样性时，却从没有使用过主体一词：

> 人类的多样性，是行动与言说的基本条件，它具有平等和差异的双重属性。如果人与人不是平等的，他们就既无法彼此理解，也无法理解他们的前人，更不可能筹划未来，预见他们后人的需要。如果人并非独异的，因此每个人都与正存在的、曾经存在的或将要存在的任何其他人相区别，那么他们就既不需要言说也无需行动来使自己被理解了。符号和声音就足够了，它们就能即时地传递相同的需要和欲求。[③]

一方面，是由于"主体"这个概念已经附着了太多形而上学的意味，另一方面，也是因为她要坚定地把行动作为思考的核心和起点。正如亚里士多德所说，是行动造就了性格和人物，而不是相反。对阿伦特来说，是行动向他人展现了我是"谁"(Who)，一个仍有待显现却又永远有所保留的疑问，一个只能用故事来加以描述

---

① Hannah Arendt，*The Human Condition*，p. 235.

② Alexandre Kojève，*Introduction to the Reading of Hegel：Lectures on the Phenomenology of Spirit*，Ithaca & London：Cornell University Press，1980，p. 9.

③ Hannah Arendt，*The Human Condition*，pp. 175—176.

的"谁"。而非反过来,一个可以用形容词来描述性状的"主体"或者可用形而上学语言来定义本质的"什么"(What)发出了行动。

不过,与主体间性更重要的差异在于,阿伦特提醒我们他人的在场并不会必然摆脱"我思"具有破坏性的孤独[1],进而破除形而上学的幻象。最典型的例子出现在历史的黑暗时代,在被迫害的压力下,"被侮辱和被损害的"人们强烈地渴望彼此靠得更近,彼此间的空间完全消失。他们回避争执,尽可能只和不会与自己发生冲突的人打交道,在同病相怜中获得温暖。然而这种兄弟般的人道主义无法传递给不属于底层的人,怜悯与同情也无法建立平等的关系,更不会让不同阶层之间产生真正的交流——比如托尔斯泰与农民的失败交流。于是在没有中间物(in-between)的人群里,我和他人就会拥挤到一处。人们或者互相争斗,或者尽管簇拥到一起仍然恐慌、孤独。放眼望去,黑暗的时代里只有自我与自我的战斗,自我对自我的顾影自怜。

二、从"洞穴"到"剧场"

图 3 希腊埃皮达鲁斯剧场(Epidaurus Theatre)

这个使人与人既联系又分隔开的中间物,就是阿伦特所提出的世界和建立在世界基础上的公共领域或者公共空间(public realm)。它们的存在才是使多样性生存和政治生活成为可能的前提。这是阿伦特提出的一个对政治学、批判理论、社会学乃至公共神学等诸多领域影响深远的观念。

---

① 阿伦特:《黑暗时代的人们》,第8页。

很多理论家都有自己心仪的意象或隐喻，它们大多来自于神话、文学或艺术作品，或者是他们思想的催化剂，或者是思想的凝结点。如果说柏拉图的"洞穴"是传统形而上学家们最喜欢的隐喻，那么阿伦特最喜欢的意象或许就是卡夫卡的"俄克拉荷马大剧场"。从此二者的比较中我们可以更好地理解行动与公共领域的关系。

在卡夫卡小说《美国》（*Amerika*）的结尾，主人公卡尔，一个大卫·考坡菲尔式的人物，从旧大陆欧洲浪迹到新大陆美国，快要走投无路的时候，一则广告闯进他的视线：

> ……俄克拉荷马大剧场在呼唤你们！它只在今天呼唤，只呼唤一次！……谁憧憬未来，谁就是我们的一员！每一个人都受欢迎！谁想当艺术家，请报名吧！我们这个剧场需要每一个人，每个人都有自己的职位！

虽然广告没有引起人们多大兴趣，因为它"有一个大毛病，广告词中对报酬只字未提，"但是对于卡尔，这则广告却有一个很大的吸引力——"每一个人都受欢迎"。[①]

在洞穴隐喻中，主人公是某个幸运地被松了绑的人，如果想要看到真相，他就不得不撇开同伴，独自走出洞穴进行孤独的探索。不过当他返回来想要解救同伴，带他们见识阳光时，很可能会遭到同伴的谋杀。[②] 而在俄克拉荷马大剧场的意象里，反复强调的则是毫无报酬的"每一个人都受到欢迎"，"每个人都有自己的职位"。洞穴隐喻中，视觉意象是主导的。无论是看墙上的阴影，还是看火堆，抑或洞穴外的阳光，人都只是旁观者——静止的沉思者。而在剧场意象里，每个人都既是艺术家、演员—行动者（actor），同时又是观众，结果洞穴中的主客二元对立在这里被消解了。洞穴中人是被动的，甚至是被强迫着才去认识真相，去承受强烈的"火"与"光"，"最明亮的存在"[③]。这火光恐怕就是德里达在《论精神》中所说的那个"火焰"，形而上学必然包含的暴力。[④] 而在剧场里，我们

---

① 卡夫卡：《美国》或《失踪者》，参见叶廷芳主编：《卡夫卡全集》第2卷，张荣昌译，石家庄：河北教育出版社，1996年，第226页；以及林骧华主编：《卡夫卡文集》第三册，米尚志译，合肥：安徽文艺出版社，1997年，第213页。

② 柏拉图：《国家篇》517A。

③ 同上书，517D。

④ 参见雅克·德里达：《论精神：海德格尔与问题》，朱刚译，上海：上海译文出版社，2008年。

聆听到的则是召唤——"呼唤"、"欢迎"、"请报名"。在这里时间没有被遗忘,因此被憧憬的就不是那个不变的"可知世界"里的"型"(idea),而是未来。

阿伦特的公共领域思想来自于古希腊人的政治生活经验,在政治(politics)一词中就包含着这一已被现代人淡忘的珍贵体验——城邦(polis)。在古希腊,城邦的规模很小,人们得以经常性的面对面交流,每个从家庭隐私空间走出来的公民都得以被他人耳闻目睹。每个人的所是,他的价值,都要求被类似的人组成的团体所承认。[①] 亚里士多德指出,人的本性就是生活在共同体中:"凡隔离而自外于城邦的人……他如果不是一只野兽,那就是一位神祇。"[②] 这句话在阿伦特那里有个现代版本:"人之为人(humanitas)绝无可能在孤独中获得……只有当人把自己的生命和个体都抛入到'公共领域的冒险'中时,它才成为可能。"[③]

阿伦特以卡夫卡为我们描述的俄克拉荷马大剧场,以古希腊的城邦政治为理想模型,认为公共领域应该具有这样一些特点。

首先,它是一个舞台和剧场,即一个使人们的行动和言说得以显现(appearance)并因此获得现实性的空间。"空"——敞开的、公共的,而非隐秘的、私人性的。显现于这里的行动和言说能够被所有人耳闻目睹,具有最大程度的公开性。"间"则意味着公共空间不是在同一目的或者共同契约下产生的人与人的凝结或者聚合。它是一种人与人之间保持着空隙和间隔的联系,聚与散是同时性的。

另一个关键词"显现",恐怕是与形而上学的最大分歧所在。形而上学家认为,存在着现象与本质的二元对立,变动不居的表象下隐藏着真实的永恒不变的存在。问题在于,形而上学在思考或者感知时总是假装自己是不存在的,面对着一个与思考者既无任何关联也不会被思考者影响的纯粹客体,或者思考一个不被人思考的客体,就像经典物理学里观察者假设自己在观察一个不被观

---

① 参见韦尔南:《神话与政治之间》,第 410—411 页。

② 参见亚里士多德:《政治学》1253a 25－30,吴寿彭译,北京:商务印书馆,2007年,第 9 页。

③ 参见阿伦特:《黑暗时代的人们》,王凌云译,南京:江苏教育出版社,2006 年,第65 页。译文据英语原文有所调整,参见 Hannah Arendt, "'What Remains? The Language Remains': A Conversation with Günter Gaus," in *The Portable Hannah Arendt*, New York: Penguin Books, 2000, p. 21.

察的客体。这样主客对立与现象与本质的对立都产生了,然而现在量子力学和现象学几乎都提醒我们,客体总是被意向的客体。存在和显现实际是同时发生的,任何存在的事物都必然被一个旁观者感知[1],这样主体与客体、存在与显现的二元对立是没有意义的。

显现不再意味着对本质的掩盖与假象,相反,向他人显现正是使世界与我们具有实在性(reality)的关键。那些切己的、强烈的情感、痛苦或个人的奇思妙想,如果不被言语和行动表达出来,显现于公共领域,哪怕对个人来说再真切最终也难免幻觉一般烟消云散。这就是为什么我们要一遍遍地谈论奥斯威辛集中营和南京大屠杀,哪怕是谈论我们的遗忘也是一种拯救和见证。

公共领域照亮并给予人类事务以现实性的功能被阿伦特称为启明(illumination)。但这一光亮并不来自存在或者精神之光,而是来自于勇敢地加入到公共领域里的男男女女,来自他们所提供的不同视角和立场。[2] 这就是公共领域的第二个特点,视角与立场的多样性。

三、从"真理"到"意见"

这就涉及阿伦特对公共(public)与共同(common)的独到理解了。她认为,公共领域这一共同的空间应该是不同意见(doxa)都得以表达、交流乃至争鸣的空间,而不是独一真理(aletheia)君临天下的空间。"共同"并不在公共领域里存在着一个共同的衡量标准或者公约数——比如经济领域里的金钱,抑或说人道主义的"共同人性"。共同在于虽然是从不同立场和多种视角出发,但大家至少谈的是同一个对。而从多种不同方面审视同一事物,实际上保证了世界的实在性。[3] 多视角仿佛从不同角度打过来的舞台灯光,减小了同一视角必然带来的局部化和扁平化。

阿伦特的"公共"并不在为公共所使用,或者代表公共,而是公共参与。她号召人们勇敢地进入公共空间,成就自己的公民身份,而不是由某个人或者某些阶层的人以公共的名义代替"沉默的大多数"发言。

---

① Hannah Arendt, *The Life of the Mind*: *Thinking*, p. 19.
② 阿伦特:《黑暗时代的人们》,作者序第 3 页。
③ Hannah Arendt, *The Human Condition*, p. 57.

对"意见"最大的误解莫过于这样的担心，即每个人最后都只强调自身观点是正确的，拒绝聆听他人。恰恰相反，说每个人拥有的只是意见，就是要提醒个人的有限性：没有人会拥有独一真理，即便有真理，一经人言表达，就立刻转化为许多意见中的一条。这样每个人在对自身的看法持以为真的同时，又总是有所怀疑，时刻等待着被其他意见质疑、修正甚至推翻。

阿伦特认为，公共领域里第一位的不是形而上学里对于真理的好奇和对于真理的追求，而是友爱的赠予、向世界的敞开和对人类的爱。这也是莱辛的态度："真理如果确实存在的话，可以为了人性、为了友爱和人们之间对话的可能性而毫不犹豫地牺牲掉它。"[①]这让我们多少会联想到列维纳斯的思想立场——将伦理学作为第一哲学。

阿伦特反对形而上学的唯一真理，是因为她警觉到形而上学必然包含的暴力。亚里士多德对"人"下了两个定义，即"人是政治的动物"和"人是言说的动物"。阿伦特认为，人类的政治生活应该是对这二者的体现，即共同生活在一起，通过言说和交流来决定所有事务，而不是通过权力和暴力。[②] 很大程度上，哈贝马斯和德里达正是基于这一信念，而反对美国发起的伊拉克战争。[③]

最后，公共领域的参与者都保持着对于不朽的信仰。人们相信"伟大的行动和言语"会通过公共领域里他人的见证与讲述，抵御自然循环更替的毁灭性，超越个体的短暂生命力量，通过历史记载或者艺术作品传诸后世。公共领域对不朽的保证，其"有形"的支持，是被工作活动打造出的持久性的世界。但是如果构建人类世界的艺术品、文学作品或者建筑，被转瞬即逝的"时尚"所主导，生产之后很快就废弃，那么世界就有被异化为丛林的危险。

阿伦特对公共领域的强调并非是在个人—社会的坐标轴上移向了后者，她要批判的不是形而上学框架中的某个单一要素，而是这个思想范式和话语系统本身——个人—社会的坐标轴。个人主义与社会领域的兴起几乎同时发源于现代，它们之间是同谋的。

---

① 阿伦特：《黑暗时代的人们》，第 23 页。

② Hannah Arendt, *The Human Condition*, p. 26.

③ See Jürgen Habermas & Jacques Derrida. *Philosophy in a Time of Terror*：*Dialogues with Jurgen Habermas and Jacques*，Chicago：Chicago University Press，2003.

共同体和社会不过是超级化的个人（super-individual）或者家庭（super-human family），均以个体生命和物种生存为目的，基础与核心都是经济活动，也就是本属于古典时代私人领域内的家政事务。它们是对公民与公共空间的"去政治化"（depoliticization）。

大众社会（mass society）就是海德格尔所说的"常人"（they），匿名的大众舆论，趋同的观念和意见。而在大众社会里，甚至所谓的"非主流"和"反社会"都如此程式化和缺乏创意。因为任何着力的"反"都在实际上强化了所反对的规则，最终不过是底片与正片的关系。用经济自由主义的话说，那只"看不见的手"最终将造成"无人的统治"，然而无人的统治却不是没有统治，"某些情况下，它甚至会成为最残酷、最暴虐的一种统治。"①

同一化为主导的社会，在各个层面上都极力排除真正行动的可能②，力图以各种准则将行动规训为可被科学预见、测量、统计并加以控制的行为（behavior）。最终政治竟然成了社会的一种功能。③

第三节　不及物的行动

在对形而上学进行理论批判，对现代性进行现实批判的同时，阿伦特建构起行动的本体论，而很大程度上本书将以此为基础展开对行动的本体性论述。

一、行动与诞生

如果说生命就是诞生与死亡"这两个永恒黑暗之间短暂的闪光"④，那么迄今为止，哲学家们一直都是从迎向我们的死亡来思考行动，背向我们的诞生却因为它的理所当然而被忘记。如果面对死亡这一最本己的可能性我们还有可能筹划的话（海德格尔），那么诞生不仅无可回避，亦完全在筹划之外。如果说日常生活里，我们在以遗忘死亡的方式来加深对死亡的记忆，因为遗忘越深，突然

---

① Hannah Arendt, *The Human Condition*, p. 41.

② Ibid., p. 40.

③ Ibid., p. 33.

④ Vladimir Nabokov, *Speak, Memory: An Autobiography Revisited*, New York: Vintage International, 1989, p. 1.

想起时的冲击就越大。那么每一年我们都在以纪念诞生的方式遗忘诞生，以至于对于诞生我们只在幼年时才会感到好奇，而到成年后却只把"我从哪里来"看作是一个生物学问题。

阿伦特恰恰是从诞生（natality）这一基本的人类境况出发，对行动做出了全新且意味深长的诠释。

图 4　皮耶罗·德拉·弗朗西斯卡（Piero della Francesca），
《耶稣诞生》（The Nativity），1475—1480 年。英国伦敦，国家美术馆。

首先，行动不再是面对死亡时的计算筹划，而充分展现出它的奇迹性。每个生命的诞生都是随机而不可预测的，无法预测这个新的到来者是谁，将要开始怎样的生命进程，将会给这个世界带来什么。诞生不是某事的开始，而是开始者本身的开始，即诞生将开始原则本身和自由的原则带入了世界。诞生赋予了人行动的能力，人的行动能够开始、启动、使……发生（make…happen）。而所谓开始就意味着某个起点，不可能根据因果律从既有可能性中推导出来。所以行动总是表现为一种不可能性，它意味着对现状的破坏，对既定秩序的中断，而同时建立起一种新的法则。[1]　从积极

----

① See Jacques Derrida, "Psyche: Invention of the Other," in *Acts of Literature*, ed. Derek Attridge, New York & London: Routledge, 1992, pp.310—343.

的一面看,它表现为不可预测的奇迹,从保守的一面看,行动总是一种对世界的闯入和改变,正像新生命的到来。

科耶夫的论述更加透彻,他指出动物只有活动而无行动。因为动物接受给定的自然世界包括它的本能,它只在既定现状下活动。而行动是人之为人独有的,因为人是否定性,她通过行动实在地否定给定物,否定自然,否定天生的自己。人"产生某种还不存在的东西",所以人就是"创造行动"。①

其次,从诞生的角度看行动,将会突显行动内在的伦理维度和他者维度,而摆脱海德格尔向死而生所产生的唯我主义式的英雄主义。诞生与死亡都在主体的能力之外,不同的是,如果死亡是完全本己的、个人的,那么诞生则必然是与他者相关的。诞生是一种来自他者的馈赠,完全在交换经济之外的馈赠。如布朗肖所说,每个新生命所占据的位置都是由他者割让给他的,"我的出生源于一个最后成为预先注定的恩惠,我的出生建立在他者的痛苦之上,这是所有人的痛苦。"②行动也是如此,行动必须在人与人之间进行,他者给了我行动的空间和可能。这样当我们谈到行动的责任时,就不能站在个体的立场,按照因果律推导然后划分,以所属格的形式说这是或不是我的责任。归根结底我的责任不是属于我的责任,它不是在行动之后产生的,而是"先于我的出生,正如它先于我的同意,"更重要的,先于我的自由。因为"责任是创生或出生的创伤,"对他者的创伤,对世界的创伤。③

最后,当阿伦特将行动与诞生相系时,就使我们在面对死亡,这一"最确定也是唯一可靠的生命法则"时,仍然能拥有希望和信仰。因为行动正如诞生,它打断了死亡法则控制的物种生存的永恒的周而复始。行动带来的新事物,开创的新事业,特别是行动所留下的故事,这些都将超越个体的死亡,从而突破了死亡将一切归于毁灭的结局。所以我们总是能在文学作品的结尾发现故事对死亡的超越。哈姆雷特对他的朋友霍拉旭说,"请你暂时牺牲一下天堂上的幸福,留在这一个冷酷的人间,替我传述我的故事吧。"④相

---

① 科耶夫:《黑格尔导读》,姜志辉译,南京:译林出版社,2005年,第586—590页。

② Maurice Blanchot, *The Writing of the Disaster*, trans. Ann Smock, Lincoln & London: University of Nebraska, 1995, p. 22.

③ Ibid., p. 22.

④ 莎士比亚:《哈姆雷特》,第420—421页。

信故事的力量,就是相信行动的力量,

> 听任故事渐渐消逝。命运之弦本身继续颤动。没有障碍,因为结尾之处孕育着长长的故事。我的世界的阴影逾越了书页的空中轮廓线,如次日的晨霾一样呈现蓝色——故事并没有结尾。①

从时间性的角度分析,行动的开始能力为人类带来了线性时间,将人类从西绪福斯式的往复循环的自然时间中解救出来。阿伦特认为正是基督教思想深刻意识到了人的行动能力,耶稣对行动的洞悉和强调极富原创性,只有苏格拉底对于思维的洞察可以与之媲美。② 古希腊人认为希望被关在潘多拉的盒子里,而基督教福音书却昭告世人一个喜讯:"有一婴孩为我们而生,有一子赐给我们。"③新人的诞生,新的开端的产生,新生者被赋予的行动能力,总是带来新的希望。科耶夫也认为,正是犹太—基督教理解下的人,"能在强意义上改变,或在本质上和根本上成为非其所是的人"。④ 人能够行动,正是这一点给我们信心:"尽管人固有一死,但人的出生不是为了死,而是为了新的开始"。⑤ 或者用文学家的话说,"人可不是造出来要给打垮的……可以消灭一个人,就是打不垮他"⑥。

二、行动与展演性

现代社会里,尤其在巴丢所说的"行动世纪"里,人们喊出了"行动至上"的口号,形而上学建立起的思考优越于行动的等级已被颠倒。尽管画家陈丹青愤怒于"……有什么用"这样的提问方式,但在日常生活里它和结果证明手段的"黑猫白猫论"可能是最有说服力、也普遍能让别人听懂的话语方式。我们意识到,现代社会的主导意识形态总是将行动与力、强和效果相联系,结果的成败不仅是行动的最高衡量标准,也是行动的唯一意义所在。行动的过程本身反而成了实现目标的手段和工具,这就造成了行动世纪

---

① 纳博科夫:《天赋》,朱建迅、王骏译,南京:译林出版社,2004 年,第 380 页。

② Hannah Arendt, *The Human Condition*, p. 247.

③ 《以赛亚书》9:6。

④ 科耶夫:《黑格尔导读》,第 590 页。

⑤ Hannah Arendt, *The Human Condition*, p. 214.

⑥ 海明威:《老人与海》,董衡巽等译,桂林:漓江出版社,1987 年,第 341 页。

里的一个悖论：对于行动的号召反而成了遗忘行动的号召。因为行动成了动机与结果之间不被关注的、不可见的中间环节！

不过文学与艺术一直是忠实于行动的。现实世界里不显现的行动在它们那里找到了庇护所，甚至作为补偿产生了专事展示行动的动作电影（action films）。这一类型电影不自觉地遵循着亚里士多德的原则：人物性格服从于行动，甚至很多时候到了没有性格的程度。从"行动"到"动作"汉译的不同，也显露出现代社会对于行动的理解：言语是与行动相分离的。动作片里占据主导地位的行动是没有言语的行动。其次，行动总是代表着暴力，这与第一点密切相关，也印证了阿伦特的看法"只有纯粹的暴力才是沉默的"。[①] 人们总是将行动与破坏、毁灭与死亡联系，充分展现了科耶夫所说的行动的否定性。还有动作片中行动独特的时间性，即快节奏，情节可以很曲折复杂，但必须尽可能地消除不确定和含混性。这是现代人的行动观，强调行动的意志与决断。此外行动的意义一定要明确甚至单一，伦理判断往往在伦理思考之前就要产生，而且一定要很清晰，结果动作电影的意义和伦理是大批量复制出来的。这实际上是意识形态的重复强化，造成的结果反而是无意义。

如果说童话式的动作电影就是现代行动观的"症状"，那么在此症状之下则隐藏着形而上学的"阴谋"。形而上学希望用制作来理解和控制行动，以目的和手段来思考行动，以有效性来衡量行动。

阿伦特从重新诠释亚里士多德的概念"实现活动"（energeia [actuality, activity, being at work]）开始，来反对亚当·斯密为现代人带来的行动准则。这一准则认为，所有本质上重在展演（performance）的职业都是最低等和最无效的，比如歌剧歌手，吹笛子或表演。[②] 更重要的是，阿伦特以此捍卫人类自由行动的可能性。

她认为本真行动的目的就在行动过程本身，不会留下有形的产品。行动的成果并非是行动过程后产生并因此磨灭了过程的某个产物，它就蕴含在过程之中，展演就是成果，"在行动的展演中穷尽行动所有的意义。"行动之外不存在一个更高的目的，行动本身

① Hannah Arendt, *The Human Condition*, p. 26.

② Ibid. , p. 207.

就是最高的善，只有这样行动才是完全自由的。这正是亚里士多德所说的实现活动，实现活动实现的就是自身。[①] 目的与手段对行动是合一的，或者说是突破了目的论和工具化的"没有目的的手段"。[②]

效果论评价已经被摒弃。具体历史和文化语境下的道德准则是用来评判和规训行为的，哲学中经常用来分析行动的动机、目标、条件、原因和结果等等因果论、目的论术语也是可疑的，因为"动机和目的，无论多么纯粹和堂皇，都不可能是独异的；就像心理性状，它们总是类型化的，不同类型人的特征。"根据这些准则去评判每个独异的具体行动，我们将会失去每个行动的"独特意义"。[③] 每一行动和言说的独异性对应于每个人的独异性和不可替代性，而哲学语言和理论理性的判断在面对独异和具体时总是显得无能为力。那么如何评价行动呢？

只有文学艺术语言和审美判断力才是超越概念范畴，而针对独一存在和独异性、特殊事物和偶然事物的。不仅如此，审美判断力与行动和政治密切相关的地方还在于，审美判断总是他向性的，考虑他人的可能判断。如康德所说"美的东西仅仅与社会有关……审美中自我主义被克服了"[④]，也就是孟子所说的"独乐乐不如众乐乐"。审美判断从来不是真理宣称，或者认识、科学命题，它不对任何事物作终结性的确定性评判，所以"你永远不能强迫任何人赞同你的判断"。它只能诉求于交流，因此忠实于自由的审美判断力正是行动与政治领域的基础。于是阿伦特用审美化的、戏剧化的隐喻作为她讨论行动的话语方式，称行动为展演行动（performing acts）。[⑤]

在行动的展演中，每个人都是主角也是配角。而且既然行动在人与人之间进行，它就不是可能只是单向和单线的，每个施动者同时又是受动者，这当中又会有别的行动者不断闯入。因此行动

① Hannah Arendt, *The Human Condition*, p. 207.

② Giorgio Agamben, *Means Without End: Notes on Politics*, Minneapolis: University of Minnesota Press, 2000.

③ Hannah Arendt, *The Human Condition*, p. 206.

④ 转引自阿伦特《精神生活：意志》，姜志辉译，南京：江苏教育出版社，2006年，第 266 页。

⑤ 中文通常翻译为"一定长度"。参见亚里士多德：《诗学》1450a 3，陈中梅译注，北京：商务印书馆，1996年，第 63 页。

是多维的,绵延交织以致无限,"最微小的行动,在最受限制的环境里,仍然携带着无边界性的种子。"①所以行动具有过程性和越界性。行动在各主体间织就一张无形的人际关系网络,所以行动者虽是自由的,却不是独立自主的,以至于个体行动在这张"充满无数相互冲突的意志和意图的网络中……几乎永远达不到它(最初)的目的"。

三、行动与解药

现在我们开始明白,为什么形而上学家和现代人都力图要把行动转变为制作了。因为行动实际上是脆弱的(frailty):行动和言语本身是活生生的流动,一旦消逝不会留下任何有形之物,所以很大程度上它是空无的或者徒劳的(futility)。行动总是多重性的而绝非只有一个人在行动,它会像核裂变一般引发一系列的链式反应,不仅超越行动者最初的意图和视角,还会打破一切界限。因此其结果既无法预测(unpredictable)也不可逆转(irreversible)——这是希腊悲剧通过俄狄浦斯带给我们的启示。

然而,行动的脆弱性恰恰是使它与公共领域、叙述以及言说得以密切相关的地方。公共领域在两方面保护了脆弱的行动。

首先,公共领域为行动与言说搭建了一个有形的舞台。它通过法律,就像保卫城邦的城墙一样,"在人们开始行动之前",确立了一个空间的边界,使行动和言说的展演成为可能。公共领域还打造了这一空间的结构基础,保障任何人的行动不会消除其他人的行动,因为这是行动的前提条件——多样性。阿伦特认可古希腊人的看法:立法者与建筑师的活动只是制作,而不应像现代社会,把立法当作政治活动的主体。真正的政治是在公共领域舞台上的展演,通过行动向他人揭示"我是谁",使独异和伟大成为日常生活中发生的常事,而在同时消除了个人英雄主义独裁以及群氓暴政的基础。

其次,公共领域的建立,使得行动和言说能够被他人见证,被人们转变为故事进入记忆。这样行动不仅超越了它消失的那一刻还可能超越代际的死亡,空无的行动和言说就得到了挽救。②将行动和言说的流动转变为故事的过程,是叙述,它本身也是一种行

---

① Hannah Arendt, *The Human Condition*, p. 190.

② Ibid., p. 197.

动,不过叙述是一种反思行动。历史从来就是一种叙述行动,所以历史总是多重的。叙述不关心行动最终的成败,甚至不关心某一具体历史时期和文化背景下的道德,所以它才会成为对行动和言说的见证,而不是在判断之后的遗忘。叙述会使"杰出"的行动不朽,失败者项羽不会被我们忘记,而剪径大盗杰西·詹姆斯(Jesse James)也会被拍成电影。[1] 如此,叙述才可能使那些不可能被世间法律审判的罪行不断地接受反思和审判。

克里斯蒂娃认为,阿伦特的"叙述"为我们在两种选择之外发掘了一种新的可能,一是阿多诺的观点:"在奥斯维辛之后写诗是野蛮的",一是列维(Levi, Primo)的观点:"奥斯维辛以后除了关于奥斯维辛的诗歌以外不可能有别的诗歌了。"[2]或许叙述能够将诗歌对死亡的执迷和悲剧性的孤寂转变为叙述行动的实践智慧,而摆脱策兰以及其他诗人经历的死亡诱惑。因为叙述能够"不断地被再生,陌生化,因此是复活性的"。[3] 这样的话,面对地狱唯一可能的思考就是"那些能够讲述对于奥斯维辛记忆的人们的想象力了"。[4]

故事不仅在行动之后,它还在行动之前。人总是降生在一个先于他的叙述网络之中,关于父母的、家族的乃至社群、国家,历史的、神话的等等,他并非"赤裸着"完全空白地来到这个世界的。所以狄更斯的主人公们才会迫切地想要了解自己出生之前的故事——他们的身世——即便已经缺失的父母之爱不会因此而发生任何改变。故事总是为了让他者聆听才被叙述出来的,所以叙述是一种分享,一种创造公共空间并需要公共空间,一种需要见证和记忆,并不断创造公共见证与记忆的行动。所以叙述是"一种敞开的、无限的政治行动"。[5] 克里斯蒂娃指出,"叙述是人存在的起始维度……最直接的共同行动,在此意义上,也是最初始的政治行动。"而正因为叙述,无论是海德格尔式的"源始"(the initial)真理,还是意识形态的起始合法性都被解构了,"消散到无止尽地叙述所

---

① 电影"The Assassination of Jesse James by the Coward Robert Ford (2007)"。See http://www.imdb.com/title/tt0443680/。

② Julia Kristeva, *Hannah Arendt: Life Is a Narrative*, Toronto: University of Toronto Press, 2001, p. 51 n32.

③ Julia Kristeva, *Hannah Arendt: Life Is a Narrative*, p. 44.

④ Ibid., p. 45.

⑤ Ibid., p. 43.

产生的种种陌生性之中"。阿伦特对叙述的提出,是对海德格尔通过诗与思"本质化、起始化、理性化存在"的激进回应。[1]

故事不仅为行动作见证,最终还将揭示行动的意义。在这里,行动的弱点——结果的不可预测性和不可逆转性,反而成全了行动最重要的特点,那就是对"我是谁"的揭示。任何人都既不可能完全控制行动的效果,制造出他所想要的"谁",也不可能占据神的整全视角,看到他行动的所有意义。行动所产生的故事"只在行动结束后,才将其意义完全揭示出来"。[2] 如此,行动及其包含的意义只能在叙述的重演(repetition)中,在行动转化为被叙述的行动(the narrated action)时,才得以完全显现。为此,阿伦特仿照苏格拉底的名言"不经受这种考察的生活是没有价值的"[3],提出:"如果一个人的生活故事无法被讲述出来的话,那么他的生活就是不值得过的。"[4]或者用克里斯蒂娃的话说:"除了在叙述中并通过叙述重生,否则没有生活可言。"[5]

为弥补行动结果的不可逆转与不可预测,阿伦特又提出两种类型的言说同时也是两种行动——宽恕和许诺,作为行动自身的解药。

所谓不可逆转,即行动者无法撤销他已经做的事,因而陷入一个他未曾料想的行动的连锁反应之中。结果她像俄狄浦斯,沦为不可更改的罪人和受害者。在好莱坞电影《蝴蝶效应》系列中,能够进行时间旅行的主人公不断回到过去,修正和干预过去的行动,然而每一次修正却在同时惹来更多的麻烦。主人公笃信能凭一己之力弥补一切"差错",然而行动就是"差错"本身,"过失"就内在于行动不断建立新关联的能力之中。孤立地操纵和干预行动实际上是企图以唯我主义的制作代替需要他者的复数性行动。而对制作来说,摆脱不合意的行动结果和无休止的连锁反应,需要的是功利计算、暴力修正和彻底毁灭[6],正如电影主人公最终所做的那样。

只有来自他者的宽恕,才能以不可预料的方式成为对行动的更新(re-action),使宽恕者和被宽恕者都从此前行动的后果中解脱

① Julia Kristeva, *Hannah Arendt: Life Is a Narrative*, p. 27.

② Hannah Arendt, *The Human Condition*, p. 192.

③ 参见柏拉图:《申辩篇》38A,王晓朝译,北京:人民出版社,2002 年,第 27 页。

④ 参见阿伦特:《黑暗时代的人们》,第 97 页。

⑤ Hannah Arendt, *The Human Condition*, p. 48.

⑥ Ibid. , p. 238.

出来,恢复行动的自由。宽恕保持了行动的复数性,跳出了交换式计算的框架,并摆脱了侵犯—报复这一无止尽地循环的行动。宽恕虽然是一种反应行动(reaction),却不受制于引发它的行动。许诺则针对行动的未来维度——它的不可预测,这一不确定性是人们为自由所必须付出的代价。许诺使我们现在的行动与未来诺言的实现相连,从而能使人具有一定的稳定性和同一性。否则我们将会无助地、毫无方向地在黑暗中四处游荡,"陷于重重矛盾和晦暗不明之中"。[①] 而许诺,这一不确定性海洋中的孤立安全岛,必须要有他者的见证才可能具有实在性。尼采认为正是许诺的能力使人与动物区分开来。[②]

在阿伦特的行动政治学中,我们发现了行动的不及物性。不及物性指的是"行动"应该摆脱工具论的奴役,还有"我思"对死亡的执迷。只是,她对行动易逝性(fleetingness)和行动需要显现的强调,还保留着现象学的痕迹。她认为认为行动只具有现在(present)的时间维度,而且它必须是在场的(presence)。所以很大程度上,阿伦特所说的行动仍然局限于身体在场(显现)的行动。

不过,在她为行动所提出的"解药"——宽恕、见证与许诺——中,潜藏着克服现象学的可能。行动不可逆转的过去需要宽恕,易逝的现在需要叙述或者书写的见证,它无法预测的未来需要许诺。这意味着行动具有三个时间维度,还意味着行动需要言语甚至书写作为"解药"。而所谓"解药",则不仅是一种补充——对身体在场之行动的补充,还可能是一种"毒药"[③],即它将解构身体必须在场的形而上学行动观。

①　Hannah Arendt, *The Human Condition*, p. 237.

②　Ibid. , p. 245.

③　Jacques Derrida, "The Pharmakon," in *Dissemination*, trans. Barbara Johnson, Chicago: The University of Chicago Press, 1981, pp. 95—116.

第二章

言语行动——自我差异

> （请）以一种能够让我跟你说话的方式行事。
>
> ——布朗肖[①]
>
> 身体与语言之间，或者什么是行动？
>
> ——菲尔曼[②]

本章面对的是言与行的古老对立。我们将通过言语行动理论，解构"空洞的"口头言语与"实在的"身体行动之间的对立，从而提出身体在场并不是行动的必要条件，言语也是一种行动。而传统所说的"言行不一"是行动必然产生的内在分裂，或者说自我差异。

阿伦特提出，发生于人与人之间的大部分行动都是言说，这恰与奥斯汀的言语行动理论的主张"言说大多是一种行动"不谋而合。[③] 长期以来，形而上学传统认为言语与行动是对立关系，而且言语低于行动，因为言说是空洞的，行动才是实在的，"你不可能用嘴说'让穷人富吧'，他们就真的摆脱贫困了。"[④]这一对立的关键是在场与缺席的对立，在言说中物与身体都是缺席的。

本章将要借助当代著名学者菲尔曼（Shoshana Felman）与巴

---

① "Act in such a way that I can speak to you." Maurice Blanchot, *Awaiting Oblivion*, trans. John Gregg, Lincoln & London: University of Nebraska Press, 1997, p. 10.

② Shoshana Felman, *The Literary Speech Act*, trans. Catherine Porter. Ithaca: Cornell University Press, 1983, p. 92.

③ "许多行动，甚至大部分的行动都是以言说的方式进行的"，"二者是同时发生且平等的，具有同等的地位和属性"。See Hannah Arendt, *The Human Condition*, p. 178.

④ Henry Louis Gates, JR. 转引自 Butler, Judith, *Excitable Speech: A Politics of the Performative*, p. 127.

特勒(Judith Butler,1956—)关于言语行动的讨论,探讨言语如何穿越词与物、语言与身体之间的界限成为一种行动。我们将突破第一章仍保留的将行动仅限于身体行动的在场—形而上学。

行动的目的只在自身,言语行动是对身体行动的补充和揭示,这些都是行动自我指涉的体现。这一自我指涉非但没有造成自我封闭的同一,反而带来差异,因而是敞开的。所以行动在走向自身的同时走向了外部,这就是行动的自我差异。① 行动自我差异性的提出,将解构阿伦特断裂性的"宏大行动"与奥斯汀重复性的"日常行动"间的对立,还将反过来揭示行动对主体、性别、身份的建构,从而以动词性思想取代了名词性思想。这一自我差异性还意味着,言语对行动、对伤害和灾难的见证绝不是被动的复制,而是孕育着反抗之可能性的重新意指(re-signification)。文学尤其如此。

第一节 言说与"身体"

一、进入言语的"现实"

奥斯汀使我们认识到,语言的使用并不像传统以为的,仅仅是对于某种外在(客观事物)或者内在(主体意向)事实的陈述和描述(constative statement),其价值标准为真或者假。

比如"地球在围绕太阳转动"这句陈述。虽然布鲁诺和伽利略不过是在重申哥白尼已经提出的观点,但仍激起了当时天主教会的愤怒。因为这绝不简单地是一个"错误的"物理学或天文学陈述,它是对当时信仰权威的攻击和威胁,一个行动。的确,他们的"科学陈述"并不无辜,因为这一陈述使旧有的《圣经》诠释模式,即按字面义理解"将地立在根基上,使地永不动摇"(诗 104:5)这句话,在此后成为不可能。它还将因此动摇教会的世俗权力,以至于教会在科学面前不再是终极真理的体现。四百年后的今天,当老师向小学生平静地陈述这一基本上没有日常实用价值的"科学事实"时,这一陈述不仅是一个"使学生知道……"的行动,它还是会使学生开始怀疑日常经验的行动,同时它也是科学与知识重申其权力地位的行动。

---

① 关于"外部的思想"可参见 Michel Foucault, *Maurice Blanchot:The Thought from Outside*, trans. Brian Massumi, New York:Zone Books, 1987.

具体来说,言语包含言内、言外和言后三个层面的行动。比如当本文承诺我们将要谈论行动时,言内行动就是本文言说了这句话,传达了要谈论行动这个信息——这句话的句意。言外行动是指在言说这个句子的同时本文作出了一个承诺,重点在句意外的承诺行动。而言后行动则指在言说完该句子之后,可能达成的效果,比如向读者保证,提醒读者注意(本文要做什么)。

我们的确"无法通过宣布病人好了,就治愈他们了",只是这就可以证明言语不是行动了吗? 与其说这一反驳是以身体性和物质性的"实在"行动为根据——即便是"实在的"行动也难免无效和失败,不如说它有一个未被注意和反思的神学—形而上学基础。远的说是原始咒语的信仰,近的说是《圣经》中的圣言,"神说:'要有光'。就有了光。"(创1:3)这一神学—形而上学的言语行动观,是在以神的标准来衡量人言。它将言语的字面义(言内行动)或者言语的许诺、意愿(言外行动),混同于言语的效果(言后行动)。也就是说我们日常经验背后的意识形态还保留着相似于布鲁诺之前的《圣经》诠释思路,拒斥行动的多重性,期待同一(sameness)和一统(unity)。

言谈之空洞与行动之实在相对立的这一日常经验,绝非本真(authentic)、直接(immediate)和清白(innocent)的体验。它隐含着一个先在的形而上学假设,即言语与身体的二元对立,只有身体才可以直接触及现实,或者说言语的指涉对象(referent)。

菲尔曼指出,很大程度上索绪尔的结构语言学和乔姆斯基的转换语法仍然保留着这一形而上学假设,而正是言语行动理论才重新将指涉对象引入到语言学的考察中来。[1]

这一对指涉对象的观照,或者说让"现实"进入语言学的努力,充分体现在奥斯汀对语境(context)、处境(situation)和环境(circumstance)的强调上:

> 我们使用言语作为更好得理解整体处境的方式,而正是在这一处境中我们发现自身被导向使用语言。希望我已经用这种方式回答了这个疑问:"我们能够超越言语吗?"

> 在多大程度上我们使用的准则并非是严格的语言学的? 多大程度上我们研究的现象并不完全是语言的现象? ……我们所做的……主要是要询问我们自己,在什么环境下我们将

---

[1] Shoshana Felman, *The Literary Speech Act*, p. 74.

使用我们正在研究的每一个表达……语言承担了一个中间人的角色，以使我们能够观察生活的事实，这些事实构成了我们的体验，而如果没有语言我们很可能根本注意不到这些事实。①

菲尔曼提醒我们注意，指涉对象（the referent）本身的地位在奥斯汀思想中发生了变化。而精神分析学在这一问题上与言语行动理论产生了共鸣："言语与行动的关系，语言与指涉对象的关系：现实与能指之间的相互影响与互动构成了二者的关注点与质疑点。"②关于指涉对象的地位，二者有三个共同的理论创新。③

首先，语言的物质性认识（material Knowledge of language）。二者都认为，我们对指涉对象的所有体验，都不可能是直接的、清白的。因为这一体验只能通过语言的中介，而语言绝非对于现实的"客观陈述"——对指涉对象的纯粹反映或者摹仿性再现。语言总是已经参与了对指涉对象的建构，或者说"指涉对象本身就是由语言产生的"。④所以语言在现实面前不是透明的，它不仅建构而且"污染"并改变了现实。所以，语言与指涉对象之间既不对立也非同一，而语言的指涉性认识不是对分离、独立之实体（现实）的认识，而是一直在处理着现实的认识，或者说它一直在现实中行动着。"指涉对象不再是纯粹的先在的实体，而是一个行动，一个改变现实的动态运动。"⑤指涉对象总是已被指涉过的指涉对象，指涉对象本身就是一个指涉行动，是对指涉的指涉。

现在的问题是，难道指涉就是一种自我指涉的循环和重复吗？

菲尔曼指出，第二个理论创新解答了这一疑问。指涉总是对话性的指涉（dialogic reference），指涉对象是在对话性的指涉行动中产生的，即指涉不仅包含对指涉对象的分析，还包含对指涉对象的行事（illocution）与取效（perlocution）行动。正如言语行动理论已经发现的，言语总是超出自身的陈述，总是一种对自身的背叛，因此指涉无法保持对指涉对象的忠诚和同一。言语总会产生差

① J. L. Austin. 转引自 Shoshana Felman, *The Scandal of the Speaking Body*, trans. Catherine Porter, Stanford: Stanford University Press, 2003, p. 49.

② Shoshana Felman, *The Literary Speech Act*, p. 76.

③ Shoshana Felman, *The Scandal of the Speaking Body*, pp. 50—57.

④ Ibid. , p. 51.

⑤ Shoshana Felman, *The Literary Speech Act*, p. 77.

异,这一差异使得指涉成为一种对话性的指涉,而不是单一的独白。用德里达的话说,指涉对象是一种延异,一种痕迹,而非实体。不过,菲尔曼对奥斯汀的创造性解释,说明了延异不仅是一个意义问题,更与言语的行动力(performative force)相关。

言语的行事与取效行动,使得言语相对于陈述来说总是过剩的(excess),使得言语在传递信息之外总有剩余(residue)。这一剩余正是言语力量的来源,也因此言语行动打破了语言指涉"现实"(传统语言观)与自我指涉(结构主义语言学颇受诟病之处)之间的对立和分离。这一自我指涉绝不是意义与指涉对象之间的完美对称,也不会是对陈述的穷尽性镜像反映,"而会产生指涉的多余,真实以这一多余为基础在意义之上留下它的踪迹。"①

用精神分析学的话说,真实界不是镜像界的否定性映像。二者并非对称性对立关系,它们是纠结在一起的,而镜像无法穷尽真实。"意识的自我反思性,主体性的语言自我指涉不再指向同一,而是指向指涉的残余,一种行事(performative)的多余。"②

第三,失败的维度(the dimension of misfire),即"指涉性只能从失败的角度而被实现和被定义:在失败行动的基础上。"③传统思路把失败看作是行动最需要避免的结果,菲尔曼却认为失败是行动与生俱来的一种能力。失败使行动保持着它的未完成性,即离实现自身总有一段距离,否则行动将失去它的时间性和延续性,而不称其为行动。奥斯汀从失败与不适宜的角度来考察行动,与弗洛伊德所说的口误(slip)和动作倒错(parapraxis),以及拉康提出的差异性指涉(differential referential)或真实的否定力量(the negative power of the real)("真实是不可能的")不谋而合了。用拉康的话说:

> 在能指与所指区分的层面上,所指与指涉对象——呈现为不可或缺的第三方,它们之间的关系非常重要的一点是所指未能命中指涉对象。瞄准器失灵了。④

菲尔曼强调,"欠缺或错过的行动"(the act of lacking or

---

① Shoshana Felman, *The Literary Speech Act*, pp. 77—80.

② Ibid., p. 81.

③ Ibid., p. 82.

④ Lacan, *Encore*, p. 55. 转引自 Shoshana Felman, *The Literary Speech Act*, p. 83.

missing)而非"欠缺"(lack)才是拉康思想的核心,那么二者差别何在呢?言语行动理论指出,失败/欠缺的行动不等于实体在场的缺乏,或者说没有行动。从最初的行动目标看,失败的行动的确是空的、无效的,但这并不意味着我们什么也没有做,失败的行动不可避免地做了另一些事情。比如没有遵循惯例而进行的婚礼——某人已经结过婚了,那么结婚行动就是失败的,但这一失败行动却是可能造成了重婚罪的行动。[①]

只是,我们又将面对一个重要的问题,如果语言总是无法命中指涉对象,难道一切都只是语言吗?用康德的话,难道我们只能知道已经知道的,而无法触及物自体?但是,要注意的是问题本身的问题。这两个问题已经预设了语言与真实,语言与物自体的可分离性,可问题就在语言也是真实、物自体的一部分,或者说语言作为一种行动参与了对真实的构造。这就相当于询问能否用自己的手拉着自己的头发把自己提起来一样。或者用巴塔耶的话说,企图观看一个没有视觉存在的宇宙,凝视不存在人之凝视的世界[②],因此我们的回答也将无法命中问题。但这一有问题的问题,并不会因为它的无效性和自相矛盾性,就是一个空的、什么也没有做的提问行动,它将做别的事情。

首先语言并非一切,正是所指的失败行动显示了这一点。"并非一切"(not-everything)也是语言的一个展演行动,一个无起点和终点的过程,通过这一失败的行动,语言提出了自身局限的问题。其次,真实或指涉对象使得语言的自我指涉总是无法以镜像对称式的方式实现。即语言指涉自身时,如果语言真的就是一切,本应该可以穷尽自身,不多不少毫无差异地与自身吻合,或者说自身相像自身。然而言语总是说出比它本身更多的话,做出比它本身更多的事,言语无法穷尽"言语的力量"。真实/指涉对象就是这样在差异和失败的行动中(所指无法命中指涉对象)留下了自己的痕迹。[③] 或者反过来说,正是失败的行动打开了指涉性或者不可能的真实(the impossible reality)的空间。[④]

① Shoshana Felman, *The Literary Speech Act*, p. 84.

② Georges Bataille, *Theory of Religion*, trans. Robert Hurley, New York: Zone Books, 1989, p. 21.

③ Shoshana Felman, *The Literary Speech Act*, p. 85.

④ Ibid. , p. 84.

二、言语与身体之间

通过菲尔曼,"空洞言语"与"物质现实",以及二者间的形而上学对立已经被解构。而言语与行动间的壁垒还剩下传统行动观里至关重要的身体。

巴特勒是敏锐的,她不像奥斯汀那样从规范的、适宜的言语入手,她选取了一个看起来有些狭窄、特殊且相当激进的角度,即伤害性言语,来讨论言语行动。她问了两个相关的问题,首先为什么我们会声称被某些语言所伤害?其次,为什么我们会用并且只能用生理性伤害的词汇来描述语言性的伤害?这些问题都将言语与身体间的关系置于讨论的中心。

当我们声称被语言所伤害时,无疑我们是在承认语言具有伤害的力量,并可以作用于人,换句话说语言是行动的。巴特勒认为我们能被语言所伤害恐怕正是因为我们是语言性的存在,人需要语言才能够存在——如亚里士多德所说"人是语言的动物"。这种脆弱性说明我们就是由语言所构成的,因此语言的这一塑造力量"就先于并决定了我们可能做出的对于语言的任何决定","语言通过它在先的力量,从一开始就伤害了我们。"[1]这莫非意味着,伤害性并不仅限于某一特殊类型的言语——伤害性言语,而是内在于言语自身,就存在于甚至先于我们被构成的初始时刻,言语造成了我们的初始性创伤?

只是,"言语伤害"这一语言学与生理性词汇的组合究竟是什么意思?我们总是在用生理性的词汇描述言语的作用效果,比如"心如刀割"。虽然"如"暗示言语伤害与生理性伤害之间应该是一种类比的平行关系,但是我们的确没有专属于言语伤害的词汇,因此很难区分出言语伤害相对生理伤害的特殊性。[2] 反过来,当某一(身体的)行为举止被认为是侮辱性的时候,我们强调的是该身体行动所蕴含的语言和文化含义,而非它直接带来的物理影响。在言语伤害与侮辱行为的例子中,言语行动与身体性行动之间的界限模糊了。

不只如此,巴特勒指出,事实上语言维持着(sustain)身体。怎

---

[1] Judith Butler, *Excitable Speech: A Politics of the Performative*, New York & London: Routledge, 1997, pp. 1—2.

[2] Ibid., p. 4.

么理解呢？

当产房的医生向人们宣布"是个男孩儿，体重8.1斤"时，这一"仪式"就重复了早在诞生之前已经发生的言语建构身体之社会存在的过程。严格地说新生儿绝非赤裸地来到这个世界的，它早已经被言语度量过，并贴上了性别的标签。一个没有被赋予社会意义的"身体"实际上是无法被我们感知和理解的，因此也就不可能向它说话，称呼和讨论它，不可能面对它，与它互动。不是言语"发现"了先于言语而客观存在的身体，而是言语从根本上建构了身体。

这并不是要闭上眼睛否认身体有血有肉的实在性。而是说身体总是承载着意义，这一意义是在具体的历史语境中获得的。人永远无法真正面对一个"赤裸"的身体，一个仅仅具有物质性的实体。因此巴特勒说"身体不是一个自我同一的或仅具有事实性的实体，"而是"一个一直发展的过程，一个复杂的挪用过程，体现某些文化与历史的可能性。"[1]这是自波伏娃以来女性主义对身体问题的重要理论贡献。"一个人不是生下来就是女人的，而是变成女人的"——身体并不是由某种内在的本质（自然或生理）预先决定的，而是行动出来的。

菲尔曼与巴特勒对言语行动理论的考察，其特殊的贡献在于，通过对身体问题的思考，进一步证明了言语是一种行动，更重要的，还反过来更新了源自亚里士多德的传统行动观。对菲尔曼来说，这一更新的关键在于从亚里士多德"人是一种政治的动物"向尼采"人是一种许诺的动物"的转变，即定义人的角度从单纯的身体行动向言语行动的转移。人的行动实际上总是具有言语性的，因为行动可以看作是在现实留下痕迹的一种书写。而没有语言就不会有痕迹，没有言语结构，行动也是无法理解的。"没有语言性的铭写就没有行动，"[2]精神分析学与言语行动理论不约而同地都将行动看成是一种语言效果。

因此一种新的行动观应该解构并超越形而上学设定的身体与精神、物质与语言、行动与话语间的二元对立。简言之，行动应该被理解为言说之身体的行动。但这并不意味着言语行动与身体行

① Butler, Judith, "Performative Acts and Gender Constitution: An Essay in Phenomenology and Feminist Theory," in *Theatre Journal*, 40. 4 (Dec. 1988): 521.

② Shoshana Felman, *The Literary Speech Act*, p. 93.

动的辩证统一,以及对形而上学同一原则(sameness)的回归。

相反,我们将发现行动本身的差异性,菲尔曼称之为言说之身体的"丑闻"(scandal),或者说行动的"丑闻",即语言与行动之间、陈述与行事之间,认知与行动之间的差异和裂缝(这一裂缝在精神分析学中被称为"潜意识")。它们总是处于不可决定性与持续的相互干扰之中而无法同一,或者说行动无法知道它正在干什么。这一因差异和断裂而带来的"丑闻"正是悲剧《俄狄浦斯王》与《哈姆雷特》的核心,前者表现为俄狄浦斯对行凶者的公开诅咒,后者则表现为哈姆雷特为父复仇的誓言。不过,菲尔曼强调,正是这一知识上的裂缝、陈述中的断层使行动获得了行事的力量。耶稣所说"父啊,赦免他们! 因为他们所做的,他们不晓得"(路加福音 23:34),对阿伦特来说,是因为行动总是在人与人之间进行,其结果与意义必然超越任一行动参与者的认知。而菲尔曼与巴特勒则从言语行动理论的角度提出,这是因为行动内在的矛盾性,即行动内在的述事性(constative)与行事性(performative)之间的差异。

第二节 主体、身份、性别的展演性

我们还将要探讨,如果主体、身份乃至身体并非传统认为一成不变的实体,那么反过来它们是如何通过行动被建构起来的?

一、"展演"——从"虚构"出发的行动观

阿伦特对于文学作品的解读很多时候是相当笨拙而枯燥的。[①]因为她讨厌谎言,并认为文学如柏拉图眼里的诗人一样,其最大的危险在于"绝对认真我做不到"——"缺乏重力、可靠感和责任感。"[②]因此在她的思想体系里,文学应该是面向过去的,它的职责仅限于见证和留存已发生的行动与事件,结果诗人与史家被她放在了一起。[③]她还认为文学活动的关键是接近活的记忆,甚至想象的要义也在对过去的重新经历上。[④]阿伦特甚至极力拉开文学与

---

① See Hannah Arendt, *Reflections on Literature and Culture*.
② 阿伦特:《黑暗时代的人们》,第 200 页。
③ 同上书,第 19 页。
④ 同上书,第 98 页。

虚构的距离,她提出文学的准则在于浓缩而非虚构①,文学应该尽量避免虚构而保持对生活的忠诚。② 即文学应该等待生活的真实故事生成之后,再制作处于第二位的文学故事。③

阿伦特对真实与虚构边界的恪守,使得她在用戏剧的"展演"(performing)来类比行动时,仍然保留着反映论或表现论的传统观念。她认为,行动应该真实地而非虚假地表现先于行动的"现象的根基"(the foundation of appearance)。④ 所以阿伦特的行动观里反复出现的主音还是海德格尔的去蔽与揭示,这使她又重新回到了形而上学现象与本质(存在)二分的老路上。她的"行动"更多的是与奇迹般的、富有英雄气概的"伟大言行"相连,而与日常行动没有太大关系。可是,难道行动只能是雅典政治家伯里克利在阵亡将士葬礼上的演说,而不能是达洛维夫人在一个美好的清晨突然向女仆宣布说"我自己去买花"?⑤ 也不能是拉姆齐夫人向儿子的许诺"要是明天天气好,我们一定去"?⑥ 在总是带来断裂的"宏大行动"与看起来平淡的细小日常行动之间真的存在截然对立吗?

现在我们将通过言语行动理论,继续解构阿伦特行动论中的形而上学残余。我们将跨越真实与虚构、断裂性的"宏大行动"与重复性的"日常行动"之间的二元对立。巴特勒对"展演性"这一术语的创造性使用将为我们提供一个崭新的视角。

从阿伦特、奥斯汀到塞尔,尽管他们都曾使用"展演"或者说"表演"一词(performance)来描述甚至定义行动,但他们从未想要从表演(虚构)的角度来阐释行动。因为对他们来说,行动的背后总存在着一个"真实的实体"。这个"实体"或者是主体,或者是作为"谁"的行动者,或者是一个实在的身体,再或者是习俗和惯例。

---

① See Hannah Arendt, *Men in Dark Time*, New York: Harcourt Brace and World, 1968, p. 226; *The Human Condition*, p. 169.

② 阿伦特:《黑暗时代的人们》,第 88 页。

③ 参见阿伦特:《黑暗时代的人们》,第 98 页;*The Human Condition*, p. 186.

④ 阿伦特:《精神生活:思维》,姜志辉译,南京:江苏教育出版社,2006 年,第 40 页。

⑤ 参见弗吉尼亚·吴尔夫:《达洛维夫人 到灯塔去 雅各布之屋》,王家湘译,南京:译林出版社,2001 年,第 3 页。

⑥ 同上书,第 177 页。

图5　埃德加·德加(Edgar Degas),《在表演之前》(Before the Performance),1896—1898。英国爱丁堡,苏格兰国家美术馆。

然而传统行动观逐渐在当代政治实践中暴露出许多问题。首先是身份政治与传统女性主义严重的本质主义倾向。本质主义认为,某个群体与其他群体有着本质性的差异,而行动应该表现出行动者的群体身份、性别与族裔的本质性特征。而且该群体(至少)在与其身份相关的问题上要比其他身份的群体更有发言权,他/她们的意见也一定更有价值。以女权主义为例,原本是要反对男权中心主义的规训和压迫,可是现在反而通过强烈的身份认同以及二元对立意识——"我们"与男性具有绝对的差异,在不知不觉中画地为牢了。身份政治认为,行动不过是在表现一个内在的本质性自我,这一自我已经被身份、性别所先天规定。从这一前提出发,就会有某一行动符合还是不符合某一性别与身份标准的问题,就会有所谓真实的还是掩饰的,自然的还是不自然的行动的区分。这意味着新的规训和歧视将会产生。

本质主义的问题在于,没有意识到身份之间的差异很多时候不是天然的,而是在历史中被经济、政治和文化状况等建构起来的。不考察身份的建构过程,就接受现有的身份认知,甚至过分强调身份之间的差异,等于是在固化这些差异,泯灭了未来发展的丰富可能性,最终身份就成了主体的监狱,限制了主体自由发展。尤其是某一境况下的弱势群体,比如面对男性的女性、面对异性恋的同性恋、面对穷人的富人、面对西方的中国等,认同甚至强调既定的身份特征,反而会与主导着话语权的强势群体形成共谋关系。

弱势群体原想通过突出身份特征获得解放,结果很可能"被解放"后的主体变得比原来还要受奴役。

其次,就是行动的伦理责任问题。让我们来看这样一个真实的故事。

1870 年 5 月的某个星期天,美国西海岸的旧金山市。一个"穿着体面"的本地男孩,在去教会主日学校的路上,看到了一个"Chinaman"。他顺手捡起一块儿石头,扔向那个可能来淘金或者修铁路的华人劳工。华工没有受到严重伤害,但是警察很快逮捕了男孩。当时旧金山市的创立者公开表示:"不管在哪里,也不管是什么样的男孩子,只要发现他参与袭击'Chinaman'的活动,警察一定会奉命将他抓捕归案。"①

至此,旧金山的执政者兑现了他们的诺言,故事也有了一个令人满意的结局。不过,马克·吐温撰文提醒人们,向中国人扔石头这个行动的源头和终点都不在一个被法律和警察树立起来的主体——小男孩身上,或者任何别的扔石头的主体那里。这一伤害性行动有它的历史,也将会有它的未来。

让我们感兴趣的不是这件因马克·吐温之名而流传下来的地方小事,而是他的警告,以及他在文章中使用的一个非常敏感的词汇——"Chinaman"。这一词汇在当时仍和 Englishman、Frenchman 一样,是中性的称呼而不带任何贬义,现在却被认为是对中国人带有很强歧视色彩的蔑称,可翻译为中国佬。那么是什么引起了这一词义的巨大转变呢?

将行动的责任完全仅归之于行动者,并惩罚行动者,不能从根本上解决问题。这种做法忽视了对行动自身,对行动的历史与未来的检讨。尽管旧金山警方严格到似乎连伤害华人的小孩都不放过,但随着美国经济的恶化,华工还是成了很多人眼中该为此负责的替罪羊。终于一个加州劳工组织"劳动者党"(Workingman's Party)喊出了"中国人离开"的口号,而曾经试图保护中国人的法律也发生了逆转。1882 年美国国会签署了"排华法案",正是从这时开始"Chinaman"变成了负面的歧视语。也就是说,是这些对华人的伤害行动将历史事件和因它造成的初始创伤都刻写在这一词义的转变之中。

---

① Mark Twain, "Disgraceful Persecution of a Boy," in http://www.twainquotes.com/Galaxy/187005e.html, Mar. 13, 2010.

二、先于行动的还是行动

那么巴特勒的"展演行动"观是如何解决这些问题的？

她的起点是回到行动本身，正如尼采所说：

> 在做（doing），行动（acting）与渐变（becoming）的背后并没有一个存在（being）；"行动者"不过是通过想象被追加到行动上的——行动才是一切。[1]

这是一种动词性的而非名词性的行动观。动词性的行动观以现在分词"doing"的形式来看待行动，把行动看成是持续变化和生成的，而不是将行动理解为名词（action），好像它具有实体性的存在。这种行动观思考的核心是行动，而不是主体。形而上学将行动者从原本浑然一体的行动中抽离出来，把他建构为先于行动而存在的主体，而行动也被从行动之流中割裂，固化为单一的、可辨别分析并加以把握的行为（deed）。尼采认为，这就好比将闪电与它的光分离，把光看作是闪电这一主体的效果。这种为行动追加主体的做法不过是为了法律和大众道德的便利。[2]

萨特的"存在先于本质"试图以一个虚无化的主体来解构这一传统行动观。但他对个体自由、自我意识与创造力量的强调——人通过选择与行动创造自身，暗地里又重新召回了一个高度独立自主的（sovereign）强大主体。

巴特勒则从戏剧表演的角度重释了行动、主体与身份的关系。行动是展演性的，首先意味着行动如戏剧表演一样是重复与差异、连续与断裂的结合。任何行动早在某个人实施/表演之前，就已经一直在进行了，哪怕是革命行动，也并非如阿伦特所想象的，是完全无中生有的上帝式行动。每一次表演行动都是差异性的而非同一性的重复，它永远无法做到重复自身，因此行动不可能是实体和名词。其次，从戏剧表演的角度看行动，任何"个体行动"都不可能是萨特式完全个人的选择，因为表演行动总是有"脚本"的，即行动的文化与历史传统和惯例，还有演员—行动者（actor）之间的互动。

---

[1] Friedrich Nietzsche, "The Genealogy of Morals" in *The Birth of Tragedy & The Genealogy of Morals*, trans. Francis Golffing, New York & London: Anchor Books, 1956, p. 178.

[2] Friedrich Nietzsche, p. 178.

所以"个体行动"总包含着共享的经历,或者说集体行动的维度。①

　　另一个重要的理论发现是,主体不是行动的源头。语法上常见的"主语+谓语动词"顺序往往使人们想当然地以为有一个独立自足的"我"在操控身体,一个脱离了肉体的行动者先于肉体而存在,并使后者行动。② 但是实际上,主体以及她的身份甚至性别都是通过持续不断地展演行动,被建构起来的。

图6　威廉·梅里特·切斯(William Merritt Chase),
《你刚才跟我说话了吗?》(Did you speak to me?),1849 年。
美国巴特勒美术学院(Butler Institute of American Art)。

　　主体的产生是被动的,它就产生于一个简单的言语行动,一个来自他者的言语行动:打招呼。"招呼",在他者的招引呼唤下,一个主体呼之欲出。这"招呼"可能是问候,或许来自父母——把你带入这个世界,或许来自于挚爱好友——把你带向一个更丰富的自己,或许仅仅来自于一个友好的陌生人——把你从作为无名客体的沉寂中唤醒。

　　① Butler, Judith, "Performative Acts and Gender Constitution: An Essay in Phenomenology and Feminist Theory," p. 525.

　　② Ibid., p. 521.

在美国画家切斯《你刚才跟我说话了吗?》这幅画（图6）中,女性人物回头望着画中隐藏在视角背后的人(可能是画家?),同时也望着我们。我们可以想象,没有画中隐身人对她的"招呼",她不会回头,她的容颜也就不会显现;但,如果没有我们目光对她的"招呼",没有观众与画作的交流,她也无法获得生命。所以,正是这一双重、甚至多重"招呼"使画中人物作为一个主体"呼之欲出"。

这幅画与法国作家布朗肖的小说《等待遗忘》有异曲同工之处。小说中女主人公提醒男主人公:"(请)以一种能够让我跟你说话的方式行事。"这句话像音乐主题一样在小说中反复出现。尽管这是一个请求或者命令,但发出请求的人"我"却不在主语的位置。主语是隐身的"你"——他者,而"我"则在宾语的位置等待他者的召唤。就好像古希腊神话里,在黑暗与虚空中等待爱人俄耳甫斯召唤的欧律狄刻。

这"招呼"也有可能是质询(interpellation):"喂,你干什么的?哪个单位的?"法国哲学家阿尔都塞(Louis Althusser,1918—1990)指出,通过"质询"意识形态将每个个体建构为主体,把它强行纳入到意识形态的秩序之中。[1] 这一秩序是一种仪式,它表现为言语行动遵循和援引的惯例。意识形态需要仪式化的行动对它进行反复确认和巩固。惯例也就是德里达所说的行动的可重复性(iterability)。正是这一可重复性,而非主体的意图,决定着言语行动是否生效。

> 如果一个行事言语的构造没有重复一个"已被编码"或可重复的言语,或者换句话说,如果我为了召开会议,宣布使轮船下水,或者举行婚礼所宣布的程序无法被人看出是在遵循一个可重复的模式,如果它无法被人看作是一种"引用",那么这一行事言语还能成功吗?……意向的范畴不会消失;它还有它的位置,但它的位置无法再使它能够控制整个场景和整个话语系统。[2]

---

① See Louis Althusser, "Ideology and Ideological State Apparatuses (Notes towards an Investigation)", in *Lenin and Philosophy and Other Essays*, trans. Ben Brewster, New York: Monthly Review Press, 1971.

② Jacques Derrida, "Signature, Event, Context," in *Limited Inc.*, ed. Gerald Graff, trans. Samuel Weber and Jeffrey Mehlman, Evanston: Northwestern University, 1988, p. 18.

那么惯例是先于行动而存在的实在吗？惯例、身份、性别乃至身体，它们的实在性是展演性的，即只有当它们被行动不断展演的时候才是实在的。以性别为例，性别不是属性，也不是本质，而是一系列的性别行动。性别身份并不像看起来那样稳定而连续，它需要个体程式化的行动来维系，即个体按照社会对性别身份的要求来行动、生活。① 正是在这里，现实与虚构之间的对立消解了。行动是建构性的，而不是指涉性的——指涉或表现某一先在的本质。因此这样的悖论："我不是一个勇敢的人或者我不像个女人，怎么让我做得出勇敢或者女人一样的行动呢？"就有一个再简单不过的回答：反复去做勇敢/像女人的行动，你就是勇敢的人/女人了，但且慢，什么样的行动被认为是勇敢的/是女人的？为什么？合理吗？

人们经常忽视了"惯例"、"自然"和"天生"所具有的展演性，即它们也是被一系列的表演行动在时间中形成、更新和维系的："作者们痴迷于他们自己的虚构，最终这一建构甚至迫使他们相信它是必要的和天然的。"②接着就有了在具体历史语境下本质与表象、正确与错误以及真实与虚构的区分，用以规训和控制行动——例如什么是女人。既定的意识形态对一个演砸了自己性别身份的人，会进行一系列明显地和隐藏地惩罚，而如果你正确地表演了你的性别，像个真正的男人或者颇有女人味，那么意识形态就会再次向所有人确认：你看，的确是存在性别的本质！③

三、责任大于任一主体

那么这是否意味着，为反抗规训，以自由为名义彻底否认和摒弃一切关于正确与错误行动的区分？我们已经分析了，不存在完全自足、自治的"自我"，而对规训的极力反抗很可能沦为反方向上对规训的秘密遵循。关键不在盲目地反抗一切惯例和体制，而在放弃可能存在毋庸置疑之"自然"和"真实"的幻想，保持对主体所处历史语境之局限性的自觉，还有对行动所援引之惯例（也即行动之历史性）的警惕。因为包括性别、身份、惯例和身体在内的"社会

---

① Butler, Judith, "Performative Acts and Gender Constitution: An Essay in Phenomenology and Feminist Theory," p. 520.

② Ibid., p. 522.

③ Ibid., p. 528.

现实"需要日常行动的反复排练与上演来加以建构和维系。已经被社会建立起的一系列意义就在展演行动的重复中被再生和重新经历,它们的合法性也在日常行动的展演中被反复地确认,成为一种仪式。所以《皇帝的新装》之所以是个童话不在所有的成人竟然都相信了赤裸的皇帝穿着新衣,而在当一个孩子说"皇帝没穿衣服"时,所有成人立刻就信了。

巴特勒的展演行动消解了奥斯汀惯例式行动(过于强调同一)与阿伦特革命性行动(过分强调断裂)之间的对立。行动是公共的和展演的行动,它既不是完全受制于惯例和意识形态的重复,也不是一种只反映个人选择的极端筹划。不存在先于身体的主体,人就是身体,但这身体是行动的身体,它不是名词,而是动词的现在分词。也不存在先于文化传统的自我,因为演员/行动者总是已经身处于舞台之上,脚本总是一直在上演着,但是如何诠释和演出则在行动者。所以行动者是"在文化上受限的有形空间里扮演自己的角色,在既定指令的限制内行动出自己的诠释。"[1]不仅如此,由于言说与行动的现在是被过去和未来共同决定的,主体就绝不可能是完全独一的,它不可避免地是"一系列继承下来的声音,是众多他者的回音,他们作为'我'在言说"[2]。

可是在笛卡尔先验主体的神话被解构之后,还怎么谈论行动的责任?难道不再需要有人为行动的后果负责了吗?恰恰相反,巴特勒要问的是,这样就够了吗?行动的责任可以像认领私有财产一样归属于某个特定行动者吗?找到那个行动者然后惩罚她,我们又错过了什么?

从展演行动的角度看,言语与行动的责任先于并大于任何特定的行动者,它与行动者的共同体,与行动的脚本,与行动的历史与未来相连。在向华人扔石头这一行动的背后是一直以来美国在政治与法律上对待华人的不平等,以及经济上对华人的盘剥。[3] 所以对某一主体的锁定——这是道德与法律的方式——不能停止对于责任的追溯,还需要反思和批判行动所援引的惯例,以及行动建

---

① Butler, Judith, "Performative Acts and Gender Constitution: An Essay in Phenomenology and Feminist Theory," p. 526.

② Judith Butler, *Excitable Speech: A Politics of the Performative*, p. 25.

③ Mark Twain, "Disgraceful Persecution of a Boy" in http://www.twainquotes.com/Galaxy/187005e.html, Mar. 13, 2010.

构并上演的意识形态。但这并不意味着行动者就可以宣称我只是在引用传统惯例，所以没有责任。因为言语或行动的脚本既给我们限制也给予可能性，行动者在以各自不同的方式复活某一言语或行动，责任就在于我们是如何与历史和未来互动的？[①]

而正是因为责任不归属于任何特定行动者，所以任何行动者都不是清白的，都不能说责任与我无关。对奥斯威辛的反思，如果只是为了反复将纳粹钉在历史的耻辱柱上，那么每一次对纳粹的谴责都有可能是在同时撇清着我们自身的责任，甚至是在攫取道德的制高点，而对奥斯威辛的哀悼就会转变为颇为时髦的对奥斯威辛的敬拜——享用极端的恶带来的道德感。如果说欧洲早在纳粹德国之前，就一直在建造着奥斯威辛，那么今天很可能我们也参与其中了。

第三节 言语伤害与反抗

一、言语伤害

在消解了言语与身体的对立，建构起动词性的行动观，并以展演性行动而非主体为中心探讨了言语行动的责任之后，没有了完全独立自主的、确定性的先在主体，要如何面对和抵抗言语行动的力量——它的限制与伤害？

我们要讨论的言语伤害，不仅包括歧视性、侮辱性以及威胁性言语行动所造成的伤害，还包括主体在被建构时的初始性创伤。与此相关，我们还要探讨一个贯穿本书始终的问题：如何面对来自形而上学的限制和伤害？像对待伤害性言语一样，诉诸一套言论审查的机制、禁止使用某些"敏感词"，比如"主体"、"普遍性"等等？如巴特勒所说，"如果一个术语，变得非常可疑，这是否就意味着我们不能再使用它，而只能使用我们已经知道如何操纵的词语？"[②]

"我父亲姓匹瑞普，我自己的教名叫做斐理普。"[③]这是狄更斯小说《远大前程》的著名开篇。在现代人类社会，被命名就是被主体得以生成的初始方式。但命名总是被他者命名，先于"我"的意

---

① Judith Butler, *Excitable Speech: A Politics of the Performative*, p.27.
② Ibid., p.162.
③ 狄更斯：《孤星血泪》，王科一译，上海：上海译文出版社，1990年，第1页。

愿,因此命名不仅排除了主体自我生成的可能,还将主体置于一种从属的位置,被带入语言所构成的历史、文化以及意识形态的序列中。这就是主体产生时的初始创伤,但这是主体得以被建构所必须付出的代价。所以主体从创生开始就是非自治的、依赖于他者的。尽管命名行动的主旨是要给予主体一个独一的名字,也就是专名,但事实是只要这个名字是用来称呼的,它就不得不是可以被称呼的。我们的名字就不得不向过去与未来敞开,被他人挪用的可能性敞开,就不会是独一的、自治的,不会是真正的专名。因此难保名字不被滥用,主体不被他人伤害。

　　自古以来,人们就意识到了这一点,因此中国古代出现了为尊、为亲、为贤者讳。皇帝及其他位高权重者的姓名避讳,就是一种典型的力图使姓名真正成为专名,抵抗从属和伤害的努力。然而对敏感词的禁止越严厉,使名字成为专名的努力越甚,这一专名就越脆弱。因为主体最后遭遇了语言学上的"测不准原理"(Uncertainty Principle):独一化和孤立某个名字的努力越甚,这一名字就越是与更多的字词乃至语境发生关联,结果主体就越是容易受到伤害。也就是说,受到伤害的主体在保护自己的同时,实际上参与了对自己的迫害。因为,一方面主体通过惩戒极微小的不敬和冒犯来保护自己、树立自己的威权,另一方面这些惩戒不断将众多的言语,认定为或者说建构为直接的伤害性言语行动,从而为他者创造了更多伤害主体的可能性。用巴特勒的话说,"我们越是在语言中寻求自我,我们越是在找到自我的地方失去自我。"①

　　被命名之后的主体并非是固定的,主体的获得不是一劳永逸的。尽管"名字总是倾向于固定,冻结,限制主体,使主体实体化,"②但是实际上我们还会在不同的语境下,在不同的关系中,被不同的人重新"命名",不断地承受被"质询",因此主体化是一个持续不断的过程。

　　当然我们也有可能自我命名:"管我叫以实玛利吧"③,《白鲸》的叙述者这样向他的读者自我宣称。但是以实玛利这个名字仍然是先于他而存在,并一直在它的历史中保留着初始的创伤。以实玛利的母亲夏甲只是亚伯兰的妾,原是亚伯兰妻子撒拉的使女,后

① Judith Butler, *Excitable Speech: A Politics of the Performative*, p. 30.
② Ibid., p. 35.
③ 赫尔曼·麦尔维尔:《白鲸》,曹庸译,上海:上海译文出版社,1982 年,第 1 页。

来怀孕的夏甲被撒拉赶出家门,耶和华的使者告诉她,可以给腹中的孩子取名以实玛利,并说:"他为人必像野驴,他的手要攻打人,人的手也要攻打他。"(创 16:12)保罗在《加拉太书》4:21—31 中将夏甲和以实玛利的被抛弃解释为象征了犹太教旧传统的被抛弃,而且称以实玛利为使女之子,即不是正统继承人。从此以实玛利这个名字在基督教文化背景下,就含有被社会遗弃、没有身份之人的意思。

言语伤害是主体建构过程中不可避免的,也不存在完全不包含创伤残余的语言。① 因此,想要消除语言潜在的伤害性效果,必须反思语言的某些根本特点,尤其是要考察语言建构主体的过程②,不能把通过强制力规训当作唯一有效的手段来面对言语所包含的伤害。而且,禁止同时就在生产、保留与强化这些言语行动的伤害力量。

二、反抗——文学的"重新意指"

我们在伤害面前就束手无策了吗?

事实上,反抗的可能就蕴含在带来伤害的言语行动中。首先,虽然伤害性言语是要贬低和诋毁它所指涉的对象,但是它不得不首先承认对象的存在,并给这一对象命名。诋毁者始料不及的是,蔑称使被诋毁者进入了公共语言,成为受人关注的主体。强加的命名作为一种词汇其具体含义和使用方式总有可能脱离诋毁者的控制,尤其是被带着初始创伤的主体挪用。狄更斯小说《孤星血泪》中主人公对自己名字来历的叙述可作为一例:"童年时口齿不清,这姓和名我念来念去都只能念成匹普,无论如何也不能念得更完整,更清晰。于是我就管自己叫匹普,后来别人也都跟着匹普匹普地叫开了。"③

其次,伤害性言语行动不同于造成物理伤害的身体行动,也不同于理想的言外行动(illocutionary act)。伤害性言语行动是言后行动(perlocutionary act),即它不可能立刻达成意图的效果,它需要唤起被攻击者条件反射式的初始创伤和历史记忆,需要攻击者的愤怒、悲伤、恐惧……也就是后者的认可。这是一种悖谬地存在

---

① Judith Butler, *Excitable Speech: A Politics of the Performative*, p.38.

② Ibid., p.27.

③ 狄更斯:《孤星血泪》,王科一译,上海:上海译文出版社,1990 年,第 1 页。

于言说者与被攻击者之间的亲密协作——受害者事后参与了对自身的言语伤害。

只有典型的行事行动，比如国家法律、法案的颁布或法官的判决等，在体制强制力的确保下，言语行动才会立刻产生效果。然而，伤害性言语并不具备这一条件，在行动本身和它的效果间总有时间间隔，于是就存在反击的可能。[①] 尽管对言语进行审查，本意是消除言语的伤害性，但很有可能因此确定了某一言语与其伤害效果之间的关联，促成了伤害性言语行动的生产。国家或体制权力以审查和禁止的方式介入，很大程度上是在争夺话语的力量，确保自身才是这一力量的至高拥有者。

正视而非回避伤害性名称，并努力拉开它与初始性创伤之间的关联，才是反击的关键。巴特勒称这一策略为“重新意指”的激进政治(the radical politics of resignification)，也就是随着时间的积累，逐渐使某些言辞与它的伤害力量分离，使它以更积极方式与新的语境相结合。[②] 重新意指的基础是言语行动的展演性，即言语是一种不断更新，既没有源头也没有终点的行动，而且它既无法被个别言说者也无法被言语的初始语境所限制。[③] 简单说，言语行动可被重复并可被挪用于新的语境，它的语境最终是无限的，而且这些语境各不相同，不可能被归纳在同一个整体之内。

讲故事，尤其是将老故事翻新，无论是虚构的还是史实的，都是一种很有效的重新意指。

小说《白鲸》的叙述者给自己命名为以实玛利。这个名字意味着遭社会鄙夷和摈弃的流放者，充满了贬义。但叙述者发掘了这个名字可能具有的积极含义——不受社会世俗准则的羁绊，将它重新解释为对自由的渴望：远离安全但充满奴性的陆地，享受充满挑战却自由的海洋。

> 我从来没有到海上去做过船客；从来没做过司令、船长或者厨司……我宁可把这些职司让给那些喜欢光荣，喜欢尊贵的人。……一切尊贵的、叫人敬重的劳动、考验和折磨，都使我乏味。……我去航海，总是当一名平平常常的水手，就站在船桅前边，钻进前甲板的船头板，高高地爬到更高的桅顶

---

① ② Judith Butler, *Excitable Speech: A Politics of the Performative*, p. 15.
③ Ibid., p. 40.

去。……为了那种有益身心的操劳和船头楼甲板上的纯净空气。就像这个世界一样，顶风远比顺风来得多，因此，在多数情况下空气总是先让船头楼上的水手呼吸，然后才轮到后甲板的司令。然而，他却自以为先呼吸到。①

当叙述者在故事的结尾再次成为孤儿时，"以实玛利"这个名字的消极意义已经在海洋般波澜壮阔的叙述中被彻底改变了。

另一个重新意指的例子是一本叫做《中国佬的运气》（*A Chinaman's Chance*）的历史著作。② "中国佬的运气"（a Chinaman's chance）在英语中意指某人在做某事时根本没有机会获得成功。这一具有负面意义的俗语保留了近代史上英语国家对中国人带有歧视色彩的刻板印象：可悲、窝囊和毫无希望。这与最早一批华人移民在 19 世纪美国西部淘金潮中的遭遇有关。一种解释是，这批华工错过了淘金的最佳时期，只好以很低的酬劳修建铁路，同时却被苛以重税，而且没有公民权，在法律上证词不被采信。因此当时华人无论做什么事，成功的几率都很渺茫。

这本书的重点不是揭露历史上华人在美国历史上遭受的种种不公和悲惨经历，也不是控诉针对华人的种族歧视，声讨英语语境下人们对"Chinaman"一词的使用。它着重的是开创另一种叙述方式，展示近代史上美国华人经历的多样性。

19 世纪，尽管许多移民美国的华人的确频繁遭受盘剥、不公、暴力和歧视③，但在爱达荷州博伊西盆地（Boise Basin）的华人，却在经济和生活上都取得了可观的成功。他们与当地白人和平相处，并积极参与当地的立法、政治及其他公共事务。而且华人所扮演的社会角色多种多样，既有英雄也有恶棍："事实上，华人扮演过所有的边疆角色——'胜利者'，'受害者'和'恶棍'。"④这一历史叙述并不是想说明华人移民黑暗的一面，而是要展现了华人移民性

---

① 赫尔曼·麦尔维尔：《白鲸》，曹庸译，上海：上海译文出版社，1982 年，第 5—7 页。

② Liping Zhu, *A Chinaman's Chance：The Chinese on the Rocky Mountain Mining Frontier*, Boulder：University Press of Colorado, 1997.

③ Liping Zhu, "A Chinaman's Chance：The Chinese on the Rocky Mountain Mining Frontier," in *Montana：The Magazine of Western History*, Vol. 45, No. 4 (Autumn-Winter, 1995), p. 38.

④ Liping Zhu, *A Chinaman's Chance：The Chinese on the Rocky Mountain Mining Frontier*, p. 46.

格的丰富多彩和历史的多样性。

作者试图通过重新检讨那段历史，推翻华人在以往历史叙述中的刻板印象：软弱无能、单调呆板而且面目模糊。这本书改变了以往"受害—控诉"的叙述套路。一个在历史上只能以受害者形象，在现在和未来只能以控诉者身份出现的主体，是舔舐初始创伤而无法自拔的主体。这个主体拒绝自身的重新建构，尽管它力图抵抗伤害，却在实际上依赖和利用了伤害，并通过对历史的反刍，不断巩固着初始创伤建立起的"主奴关系"。反复扮演受害者最终就只会作一个受害者，这恰恰确认了"中国佬的运气"里华人可怜、无能的懦弱形象，结果使这些伤害性言语保持了歧视和伤害的力量。

从阿伦特"保存行动的叙述"到现在"重新意指的叙述"，前者在意的是"说什么"，后者强调的是则是"怎么说"，以什么方式讲故事，即"叙述"这一行动本身。马克思曾说"哲学家们只是在以不同的方式解释世界，而关键是在改变世界"，但实际上叙述就是一种行动。"重新讲述故事的行动引起了他们身体上的可察觉的变化"[1]，即便是重新解释、讲述世界，也会改变世界。

文学在 20 世纪的新发展为"重新意指"的政治行动提供了很多启示。

20 世纪元小说（metafiction）的出现，布朗肖对"récit"的倡导与实践，绝非是文学的自恋，或者纯形式技巧的试验。现代文学实践突破了传统上对于文学的两种功能想象——"反映"与"表现"（著名的"镜与灯"），自觉到自身也可以是一种行动，目的只在自身的展演行动。意指绝不是词与物之间的纯天然关联，意指本身就是一个行动，一种建构。文学是一种非法行动，因为它总是抵抗对意指过程的控制与固化，抵抗语义的单一性和稳定性，拉开言语行动与其效果之间的间距，拉开能指与所指之间的间距，保持意指过程的滑动，让具有形而上学倾向的名词和形容词都变成动词，抗拒理解对语言的捕获，将我们导向那不可言说因而永不枯竭的无名——"无名天地之始"（《老子·一章》）。

身体行动的"解药"之一是"身体不在场"的言说。在形而上学传统里，言说对身体行动的陈述或者再现都是对后者的增补，或者

---

[1] Rubem A. Alves, *The Poet*, *The Warrior*, *The Prophet*, London: SCM Press, 1990, p. 60.

说"虚构"。但是言语行动理论使我们发现,作为增补的"虚构"反而是主体、身份、性别乃至身体的没有本源的"本源"。行动的自我差异性已经开始跨越现实与虚构的界限,这一越界正是产生包括主体、身份等同一性概念的秘密。

而言说的解药从柏拉图以来一直被认为是书写,一种不可靠的、危险的解药——因为在书写中,身体和言说都不在场了,它离阿伦特理想中"本真的行动"更加遥远,以至于她认为书写是一种制作,只是对行动的浓缩和记录。

第三章

文本与行动——自我分离

本章将解构"活的"言语与"死的"文字之间的对立,同时说明"书写"是行动与自身初始状态相分离的关键。书写一直是行动的一部分,它使行动的扩散和传播成为可能,从而保持了行动的"活性"。以此为基础,本章还将说明行动如何可以被看作文本,文本又如何成为一种行动。

当言语被书写"固定"下来后,究竟发生了怎样的变化? 书写是一种制作吗? 法国哲学家利科(Paul Ricoeur,1913—2005)得出了与阿伦特不同的结论。

1970 年利科离开了五月风暴后陷入激战的南戴尔大学(Université de Nanterre)。虽然他明确反对法国对阿尔及利亚的殖民政策,也批评当时法国保守的高等教育制度,但他却与极左翼的街头斗争保持了距离。① 这是文本与行动之间的对立吗? 还是一种迂回的行动?

文本与行动之间的距离,在彼时中国的文化大革命里达到了最小值。每张大字报都渴望实现虚构与真实、文本与政治行动的一体化,红卫兵们一直在以"破四旧"的抹除式书写追求着与梁小斌几乎相同的理想:拥有一面雪白的墙。② 在欧洲中世纪,文本也被认为是与世界完全重合的。不同的是,大字报是极端现代性的产物,它执着于"现在",一定要完全抹除过去的痕迹,所谓"不破不立"。

利科去了美国,在那里他尝试结合两种不同的思想传统,探讨文本与行动之间的关系,即欧陆哲学传统下的诠释学和英美分析

---

① See Charles Reagan, http://www. fondsricoeur. fr/index. php? m＝21&lang
＝en♯Nanterre％20.％201965％20－％2070. 17 Mar, 2011.

② 梁小斌:"雪白的墙",参见阎月君等编选:《朦胧诗选》,沈阳:春风文艺出版社,1987 年,第 146 页。

哲学传统下的言语行动理论与行动哲学。这一结合不仅是两种思想的对话，还是文本与行动之间的沟通与和解，以至于有研究者用"弧形"（arc）来形容他的思想特质。[①]

　　本章将通过利科的诠释学分析，考察话语被书写固定为文本后的变化，以及文本与行动间的双向越界。言说被"固定"的另一面是分离，自我分离。因为书写使话语得以与它的言说者、初始指涉和初始语境，与在场的、共时的对话关系相分离。获得自治后的书写话语，不仅可以与其他语境相结合，还能与其他文本的指涉共同构成世界。它失去了初始的对话者，却赢得了一个无限的读者共同体，一个永远敞开的非在场—非共时的共同体。所以书写不是"僵死"的文字，而是变得更自由的行动。身体行动同样具有自我分离性，因为它像言语行动一样，也有表意、行事和取效结构。所以它能被铭写为时间中的事件，被叙述流传，并结合新的语境重演，这是行动的文本性。反过来，隐喻的"是"总是自我分离为"不是"，对世界的归属不断分离为对世界的间离。叙述对行动的追述和见证也总是分离为对行动的筹划和召唤，两个过程反之亦然，这是文本的行动性。文学书写则更进一步将行动与它遵循的法则，与既定的存在方式以及权力认定的"现实"相分离。

第一节　从言说到书写

　　对言说与书写二元对立的解构，最著名的或许来自于德里达，但利科从诠释学出发提供了一条不同的进路。

　　如果说德里达侧重的是如何从西方思想乃至西方文明的边缘与底层发起对这一文明自身的整体性批判和颠覆，那么利科关心的则是在解构之后如何协调各个不同的思想方法，建构起新的语言哲学，来谈论言说与书写间的差异与联系。

一、被遗忘的"话语"

　　或许正是利科指出了德里达早期在语言学方法上的盲点，即过分依赖结构主义的符号学（semiotics），而缺乏语义学

---

　　① See Boyd Blundell, *Paul Ricoeur between Theology and Philosophy*: *Detour and Return*, Bloomington: Indiana University Press, 2010.

(semantics)维度的探讨。① 德里达敏锐地发现了西方形而上学建构起的种种二元对立项，并解构了二元间的对立和等级，乃至提出"延异"，颠覆了结构主义语言学对所指与能指间的绝对区分，摧毁了结构主义设定的意义的绝对稳定性。但利科认为德里达的问题是，对意义的考察仍停留在"词语"的层面上，忽略了意义生成很重要的中间环节——句子。文本的意义并不是各词语含义的简单叠加或组合，而且词语本身谈不上对错，只有由名词和动词组成的句子才能产生一种表述，才有正确和错误之分。这是早自柏拉图和亚里士多德就注意到的问题——即语义学研究，它在现代语言学中被"结构"兴起后的符号学中断了。②

利科指出，自索绪尔区分了语言（langue）与言语（parole），并把语言学研究的对象设定为普遍的、稳定的、作为一种系统和结构的"语言"，而不是语言个别的、偶然的、在特定历史与文化语境下的使用（即"言语"）以后，现代语言学就以"共时性"研究的名义，剔除了语言的时间性和历史性。结果词语变成了符号，语言学变成了符号学，语言则变成了自我封闭的系统，而不再（像维特根斯坦所希望的那样）被当作是一种"生活的方式"。③ 最终，在结构主义语言学主导的现代语言学讨论中，实践和行动就变成了被结构和系统决定的"行为"，行动的政治变成了研究行为的社会科学。

如何突破这一现代语言学的困境？相对于德里达，利科进路的重点在重续传统——把语言看作是"logos"也即话语的传统，和向他者的迂回——汲取、综合包括胡塞尔的意义现象学、本维尼斯特（Émile Benveniste，1902—1976）的语义学以及英美言语行动理论在内的探讨"句子"的理论成果，通过对"话语"的研究来复兴语义学。

那么利科所说的"话语"与索绪尔弃之不论的"言语"是一回事儿吗？虽然话语和言语都考虑到了语言的时间性，但不同之处在于：言语在结构主义看来不过是语言本质——永恒不变的系

① Leonard Lawlor, "Philosophy and Communication: Round-table Discussion Between Ricoeur and Derrida", in *Imagination and Chance: The Difference Between the Thought of Ricoeur and Derrida*, Albany: State University of New York Press, 1992, pp.136—139.

② Paul Ricoeur, *Interpretation Theory: Discourse and the Surplus of Meaning*, Fort Worth: The Texas Christian University Press, 1976, pp.1—2.

③ Ibid., p.6.

统——转瞬即逝的表象而已,是对普遍原则在具体时间和空间中的应用。在这里结构主义语言学仍然延续着柏拉图的理念论,即存在与时间相分离的形而上学传统。而利科追随的是海德格尔,把时间性看作是语言存在的本体论维度,不变的语言系统则是虚拟的假设。在他看来,语言只有在时间中才具有实在性(actuality),即语言实际上是一种事件,即"话语"。而"话语"并不是转瞬即逝、不留痕迹的,它还能被重复、转述和再认,因为它还具有意义的一面。如果说所有的话语都是作为事件(在时间中)得以实现的,那么它们又是作为意义而被理解的,事件与意义在话语中构成了一对辩证关系。①

与结构主义一样,利科也强调人和世界是被语言和象征符号中介和建构的,即不是我们在"使用"语言,而是"语言的使用"在建构着我们。但结构主义忽略了从词语到文本还有多个层次,尤其是句子层面。句子并不与其他句子形成对立和差异关系,话语事件有它自身的结构,那就是主语确认(identification)功能与谓语述谓(predication)功能的交织与互动。"主语确认出独一的事物",而"谓语则赋予某一属性,某一类别,某一关系或某一类型的行动",由它们共同构成一个句子的陈述(proposition)。②

现在反过来审视阿伦特的话语观。言说能被看作是一种行动,缘于言说与行动共同具有的事件性,即它在时间中实现并转瞬即逝。而话语一旦被书写就被认为脱离了时间,不再具有事件性。所以阿伦特会认为言说和行动重视的是行动过程本身——事件性,而书写则只在意最终的结果——作为意义容器的作品。此外,言说像行动一样建立在人与人的在场关系上,而文本从创生到接受都摆脱了面对面的直接交流。所以,阿伦特暗示,书写和阅读就成了一种与他者无关的个体活动,而写作者也就能够操控文本的生产,使它变成完全符合制作者意图的制作。

但是阿伦特割裂了言说中事件与意义的关联。一方面,对事件性的强调使她忽略了言说的意义性,更准确地说,是德里达所说的可重复性,巴特勒的展演性。言说和行动并非完全转瞬即逝,它们可被记忆、转述和重演,从而超越最初的有限时空,产生长远影

---

① Paul Ricoeur, *Interpretation Theory: Discourse and the Surplus of Meaning*, pp. 6—12.

② Ibid., pp. 10—11.

响。另一方面,书写的文本是否真的脱离了时间,而没有事件的一面? 从言说—倾听到书写—阅读的转变,我们是否因书写的介入而无需他者,变得更加孤独? 我与他者之间是否由行动中的对话关系变成了制作中的控制关系?

在解决这些问题之前,需要说明利科话语理论中意义与事件的辩证法。

任何话语的意义,在利科看来,既不像浪漫主义诠释学传统认为的,完全由言说者的意图所决定,也并非结构主义所主张的,由言语本身的意思所确定,而是二者的互动。利科认为言说者的意思只能从对话语自身的分析中获得,而不可脱离话语妄自揣度,因为这一意图已经在言语自身的意思中留下了印记。句子具有这样一种内在的指涉结构,通过语法中所谓的转换词(shifters),比如人称代词"我",时间和空间副词或指示词等诸多方式,将句子指向言说这一事件,言说者、时间或空间等等。也就是说,话语的意义总在提醒我们话语还是一个事件,意义总印刻着言说者以及言说事件的痕迹。而且"话语的意思总是会指涉回言说者的意思",即话语本身包含着言说者意思的维度。①

利科还从言语行动理论的角度考察了话语中事件与意义的辩证关系。言内(述事)行动的事件性与意义性结合得最紧密,因为这一行动就是要传达言说的内容。而言外(施事)行动,是通过言说来做其他事,命令、许诺、警告或祝福等等,它们将自身的事件性反映在特定的语义学和语法规则之上,比如许诺时的将来时态,第一人称表述,以及不同的语法语气(虚拟语气、祈使语气等),甚至包括书写所提供的标点符号——疑问、感叹等。反过来,这些特定的语义学、语法规则等也为言语提供了力量,指涉了言语的事件性。利科的语义学分析表明,这些在结构主义语言学中未被重视的语法、修辞甚至标点符号实际上正是言语的力量和作为事件的印记所在。换句话说,那些一直被看作是"纯粹形式"的因素现在也被利科纳入到意义的范畴内,乃至诠释学的视野里——他拓展了我们对于意义的理解。

因此,很大程度上书写仍然能够保留口头言说的事件性,其中言内行动最多,言外行动次之,言后(取效)行动的事件性则最难以

---

① Paul Ricoeur, *Interpretation Theory*: *Discourse and the Surplus of Meaning*, p. 13.

保留和传达。但是需要注意的是,如果书写的话语仍然是话语,那么书写是不是会有不同于言说的事件性?是否应该检讨语言学一直以来只把言说作为话语标准模式的立场?

至少当阿伦特将书写者面对语言的情形类比于工匠面对物质材料的情形时,显然没意识到语言这一"材料"的特殊性质。利科指出,话语本质上是交流性的,正是话语使人的共同存在(being-together)成为可能。因为,从根本上说每个人都是孤独的,一个人的生命体验无法完全地被另一个人所体验,但是话语可以将我体验到的某些东西传达给另一个人。利科称这一可被话语传达的东西为意义,"作为体验的体验,作为亲身经历的体验,仍然是私人性的,但是这一体验的意义(在话语中)却变成了公共的"[1]。话语的交流性和公共性"使生命的孤独能够得到片刻的光亮。"[2]这意味着当我们面对话语时,无论是言说的还是书写的话语,总会遭遇到一个他者。

那么从言说到书写,话语究竟经历了怎样的变化?

二、言说与书写

柏拉图斥责说,活生生的话语(言说)一旦变成书写的文字就会变得僵死。因为文字不过是话语的影像,它就像图画,对你的提问要么沉默,要么永远用老一套来回答,它的作用是辅助记忆,但实际上却败坏了灵魂的记忆。[3] 与柏拉图一样,阿伦特只把书写当作是"物化"(reify)或者"固化"(fix)活生生言行的一种纯物质性技术,甚至连文学与诗歌也不过是把已经先行存在的言行,以语言为材料进行了浓缩和转化而已。[4] 阿伦特对书写的看法仍然延续了柏拉图精神对物质的形而上学二分法,她忽视了"物质性"的书写可能带来的非常重要的"精神性"后果。

的确,从言说到书写,首先引起我们注意的恐怕就是话语被固定了,被铭写在物质性的材料上。利科指出,从交流话语六要素(言说者,倾听者,媒介,编码,情境和信息)来看,正是因为书写的

---

[1] Paul Ricoeur, *Interpretation Theory*: *Discourse and the Surplus of Meaning*, p. 16.

[2] Ibid., p. 19.

[3] 柏拉图:《斐德罗篇》274E—277A。参见《柏拉图全集》第二卷,王晓朝译,北京:人民出版社,2002年,第198—199页。

[4] Hannah Arendt, *The Human Condition*, p. 169.

出现,也即话语媒介的"物质化",话语的意义才能在长距离交流中不致被严重歪曲。这样才会诞生远距离的政治统治,出现超越城邦的国家。而有了固定的规则和法律,也才会产生经济体、司法裁判,乃至追求正义和平等的观念。同样,有了记录才会产生历史的编撰。所以,书写绝不仅仅是对言说的保存,它引起了话语交流过程的巨大变化,扩大了交流的范围,使经济的、法律的、政治的等多种形式的人类共同体成为可能。[①]

书写还使直接的面对面的言说—倾听关系转变为非共时的、非同一情境下的书写—阅读关系,"对话(有限的)情境被(书写)打破了。"[②]从信息与言说者的关系看,在言说话语中,话语意思与言说者意图之间的差距很小,甚至可能重合,因为话语直接指涉在场的言说者。而书写的话语,也就是文本,能够超越书写者最初有限的视野,结果文本的意思可以摆脱书写者意图的控制,获得相当大的语义自治性。这就是诠释学开始的地方。但是利科认为,文本意义结构中包含着作者意图这一维度。因为话语并不是自然材料,它总是来自于一个言说者或书写者,并指向听众或者阅读者。

从信息与倾听者的角度看,阿伦特没有意识到的另一个精神性后果是,话语面对的对象从有限的、确定的"你"扩大到了匿名的、理论上一切能够阅读的读者,"话语被从狭窄的面对面的情境中解放出来了"[③]。可以说书写的话语变得更加"精神性"了。书写话语的事件性在于扩大了交流的范围后,书写的文本将会创造出自身的读者群——文本共同体。读者潜在的普遍性与特定环境下的有限性,使某一具体文本的接受和阅读成为一个偶然的事件,引发不可预知的公众影响。阿伦特只把言说看作是行动,所以她心目中的共同体只能是以人与人面对面交流的古希腊小型公民城邦为模式。这使她既没能注意到已经存在的各种文本的共同体——比如《圣经》的共同体、《可兰经》的共同体等等,也无法设想和探索新的共同体模式。

---

① Paul Ricoeur, *Interpretation Theory*: *Discourse and the Surplus of Meaning*, p. 28.

② Ibid. , p. 29.

③ Ibid. , p. 31.

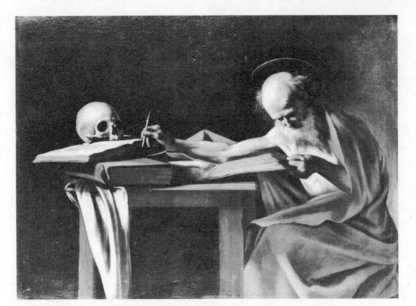

图7　卡拉瓦乔(Caravaggio)，《书写中的圣哲罗姆》(Saint Jerome Writing)，1605年。意大利罗马，贝加斯美术馆(The Borghese Gallery)。

相应地，文本的语义自治性带来阅读的多样性和诠释的多义性。在对话不再存在的地方，诠释行动开始了，而对同一文本的不同诠释甚至会产生不同的共同体，比如围绕《圣经》文本形成的不同基督宗教派别。所以书写的文字从来都不是僵死的。

从信息与编码(code)的关系看，言说话语或者言语行动要遵循各种惯例和准则，才能发挥它的效力，成为命令、许诺、宣誓或者判决等等。而对书写的话语——文本来说，要遵循的惯例和准则是文体或文类，比如科学论文、历史记载、法律条文、政治宣言……或文学，而文学之下还有诗歌、小说、戏剧等。

"所有的动物都是平等的，但是有些动物比其他动物更平等"①，这句话在不同的文体或文类里将发挥不同的效力，引发读者不同的期待视野与诠释策略，带来不同的公众反应。比如，假设它不是出现于奥维尔小说，而是出现在动物保护运动的宣言里。所以书写话语对不同文体和文类准则的遵循，并非利科所认为的，像

---

①　奥威尔：《动物农庄》，见《奥威尔经典文集》，黄磊译，北京：华侨出版社，2000年，第99页。

生产或制作那样，只是给某一物质材料赋予形式。[①] 这些文体和文类就是话语的惯例和体制，它们既是书写行动施事时必须凭借的准则，被此前的书写行动创造出来，也是将会被其后每一次书写行动实现、确认或打破的准则。

而文学这一书写行动，其体制的特别之处在于，它具有搁置、质疑，甚至颠覆各话语体制的特权。比如这句话，"请你先放松一下，再集中注意力。把一切无关的想法都从你的头脑中驱逐出去，让周围的一切变成看不见听不着的东西，不再干扰你"。[②] 它使用了祈使句式，可能来自于老师或者瑜伽指导手册，通常来说具有指令或者提示的效果。但是如果它出现在卡尔维诺的小说《寒冬夜行人》中，它的祈使效果却被奇怪地悬置了，因为读者知道文学语句不能按照话语的惯例去理解。

一旦文学发现自身形成了某种话语惯例，它就会开始质疑和挑战这一惯例。比如，当既定的文学作品逐渐形成一种明显区别于日常语言的"文学话语"，就会有新的作品尝试打破这一存在于文学话语和非文学话语间的区别。《寒冬夜行人》通过大量使用第二人称祈使句，混淆了应用文与文学之间的话语界限。还比如，惯例要求文学恪守某一特定文类的要求，例如诗歌与小说间的区别，然而吴尔夫的小说《海浪》就模糊了戏剧、诗歌与小说间的文类差异。[③]

文学这一越界和破坏话语体制的特权，使文学话语带有很大的危险性。因此，为了获得、也为了避免滥用这一特权和至高的话语自由，书写者不得不努力克制自己通过文学作品直接向现实喊话或者为自己说话的欲望，甚至在他的文学文本中寻求自身的死亡。这造成了一个有趣的悖论：一旦书写者想要使作品直接作用于现实，他就不得不接受某一类言语行动发挥效力所必须遵循的既定准则，同时也就离文学所要求的越界的绝对自由越远。

利科的话语理论与结构主义语言学的另一个重要区别在于，利科强调话语除了意义的一维还有指涉性的一维。即话语总是某

①　Paul Ricoeur, *Interpretation Theory*：*Discourse and the Surplus of Meaning*，p. 33.

②　卡尔维诺：《寒冬夜行人》，见吕同六、张洁主编：《卡尔维诺文集》，萧天佑译，南京：译林出版社，2001年，第7页。

③　吴尔夫：《海浪》，吴均燮译，北京：人民文学出版社，2005年。

人说出的关于某事物（指涉）的什么事情（意义），实际的话语不同于语言这个虚拟的封闭系统，它总是指涉外物。因此指涉—意义是除事件—意义辩证法之外话语包含的另一对重要辩证关系。

那么从信息与指涉的关系看，话语从言说到书写又经历了怎样的变化？在言说中，由于言说者和倾听者拥有一个共同的情境（situation）——"此地、此时"（here and now），话语的指涉总是以各种方式与"此地、此时"发生关联，所以对话参与者对各自话语指涉什么有相当程度的默契。

而书写却把这一共同的对话情境打破了。书写在写作者与阅读者创造了时空的差距，话语就从狭窄的对话情境中解放出来，而话语的指涉也就超越了最初的有限语境，能够与未来读者的语境相结合，以至于话语的指涉会变得更加普遍，更富"精神性"。最后文本所打开的指涉的集合创造了超越每个具体情境的"世界"（world）。如利科所说，"正是因为书写，人类、只有人类拥有一个世界而不仅仅有一个情境"[1]。

利科所理解的"世界"，与传统观念里"所有客观存在事物的总和"或者"地理上的全球各地"，以及阿伦特的"人类通过工作打造的，抵御自然变迁的，持久的、物质性的生存空间"都不同。这些看法都忽略了世界的意义问题，未曾意识到海德格尔所说的，理解是此在的存在方式。利科认为文本与世界的关联才是最根本的，"世界是各种文本——描述性的或者诗性的，所打开的指涉的集合。"[2]存在者以及自然本身不存在意义问题，即它们既不是有意义的，也不是无意义的，对人类完全是晦暗不明的——正如很多文明的浑沌神话所描绘的。直到各种各样的文本开启了存在物对于人类的意义或者无意义，我们才能将各种情境汇聚起来，从环境中建构出世界。文学文本很特殊，它的指涉不重在反映或描述，而在于预先投射（pro-ject），即不断地为我们揭示出新的存在方式，并在人与世界之间建立新的联系，最终改变世界。

利科对文本与世界关系的考察与本书第二章中对语言指涉与"现实"关系的讨论不谋而合。当柏拉图指责书写就像绘画，只是现实的影像时，利科想要说的是，文字与绘画的确相像，但文字和

---

① Paul Ricoeur, *Interpretation Theory：Discourse and the Surplus of Meaning*, p. 36.

② Ibid., p. 37.

绘画并不是对现实的影像或者反映。相反,现实世界一直在被书写和绘画所建构和改变着。他猜想,这一点在使用象形文字的文化传统下更明显。① 中国唐朝画论家张彦远有一段关于书写与绘画关系的论述,像德里达、利科一样,他重新诠释了创造文字的神话传说:

> 颉有四目,仰观垂象。因俪鸟龟之迹,遂定书字之形。造化不能藏其秘,故天雨粟;灵怪不能遁其形,故鬼夜哭。是时也,书画同体而未分,象制肇创而犹略。无以传其意,故有书;无以见其形,故有画。……书画异名而同体也。②

在这里,张彦远提出了书写与绘画的相似性。他认为书写是对存在的揭示,对意义的发掘和传达,"无以传其意,故有书",而且书写改变了世界,使得"造化不能藏其秘",甚至"灵怪不能遁其形"。

第二节　作为文本的行动

一、诠释学观照下的行动

通过利科的诠释学,我们证实了书写与言说之间不存在根本的二元对立,书写不是阿伦特所认为的制作,而是一种话语行动。而且对书写行动的考察也丰富了我们对行动的理解,使我们意识到以往对行动物理性和事件性的强调,掩盖了对行动意义性和中介性的考察。而行动并非"直接"作用于人与人之间,它总是"被中介"(mediated)的。在利科看来,行动很大程度上是通过意义来发挥作用的,或者说行动必须通过文本的中介和迂回,必须且只能通过解释与诠释的辩证法才作用于人与人之间。而行动之所以能够被叙述出来,是因为行动本身就已经被符号、准则和文化范式所中介了,或者说意义已经融入行动之中了,意义赋予了行动以可理解性和规范性。

---

① Paul Ricoeur, *Interpretation Theory*: *Discourse and the Surplus of Meaning*, p. 42.

② 〈唐〉张彦远:《历代名画记》,俞剑华注释,上海:上海人民美术出版社,1964年,第2页。

这正是行动与行为的重要区别之一。如巴塔耶在对动物性的论述中提到的,动物的领域是直接的、内在的[①],动物与身边的一切、与它的世界是一体的,它没有区分自身与环境、超越情境反躬自省的意识:"所有动物在这个世界里都好像是水中的水。"[②]身边的一切对动物来说都是即时的、情境化的,所以动物根据不同的境遇有不同的"行为"(behavior)。而人因为有了意识,打破了动物与环境间的连续性,才有了超越环境与情境的可能,创造了充满意义的世界。用巴塔耶的话说,"在一个(人类的)眼睛不曾理解它之所见的世界里,是不存在景观的"[③],或者反过来说,只要被人看见了,那它已经被理解和意义化了。因此只有人才有行动,而相对动物的反应行为来说行动是间接的。行动需要时间,而且总逃不过对行动之意义的追问。正是因为动物的行为不存在意义和相互理解的问题,所以"动物在争斗之后,它们的目光中只有漠然。"[④]

我们有理由猜想行动一直就像文本一样在人与人之间发挥着作用,而利科对"行动文本性"的阐述恰恰说明了这一点。可什么是文本?利科给了一个简明的定义,"一切被书写固定下来的话语"[⑤]。那么行动能被固定下来吗?行动与文本之间存在哪些关联呢?

利科首先考察的就是行动的"固定"问题。他反过来从言语行动的角度看行动,认为行动之所以可以被"固定",是因为行动可以被看作是一种话语。行动具有言语行动一样的结构,也遵循着事件—意义的辩证关系。

1. 行动本身就具有述事言语行动的结构。行动和言语一样,传达了一定的述谓内容(propositional content),这一内容可以被辨认和再次确认是同一个行动。因此我们的语言中才会有那么多丰富的动词从不同的角度去描述和理解——去"固定"行动。行动本身往往是多义(multivocal)和多重的(plural),所以一个动词(比如"刺杀")可以发展成动词句(action sentences)("未至身,秦王惊,

① Bataille, Georges, *Theory of Religion*, p. 23.

② Ibid., p. 19.

③ Ibid., p. 21.

④ Ibid., p. 25.

⑤ Paul Ricoeur, *From Text to Action*, trans. Kathleen Blamey & John B. Thompson, Evanston: Northwestern University Press, 1991, p. 106.

自引而起，袖绝；拔剑，剑长，操其室；时惶急，剑坚，故不可立拔")。① 行动总是互动的（interaction），所以一个动词可以延伸出一个情节（plot）。行动具有时间性（temporality）与历史性（historicity），于是在语言上就有了对行动的叙事（narrative）。

2. 行动最重要的、也是一直为人注意的就是它的施事维度，即它行事的效力。那么行动的施事维度可以被"固定"下来的是什么呢？行动在某类情境下遵循的行事准则。比如，如何行动被认为是兑现了诺言，按照怎样的方式行动，才被认为是尊重了他人的意愿。但这些准则并非是先于行动存在的实体，而是被行动创立，并被行动维系，最终也将被行动改变的准则，而不同的准则也划分出不同的行动类型。

3. 最后就是行动的取效维度，即行动之后的效果和影响。这是任何行动参与者都最难预料，最终也无法获知的维度。这在古希腊悲剧中（比如《俄狄浦斯》）有充分的表现，所以阿伦特会认为，它只能留给行动之后的叙述来加以揭示。历史叙事或虚构叙事"固定"下行动的"链式反应"，包含了前因后果与效果意义的探讨，而对叙事的阅读则反复地重演了行动，保持了行动效果的开放性和多重性。

接着，利科提出行动像文本一样，也可以被自治化（autonomization）。行动像被书写的话语一样可以脱离最初的行动者，而产生自己的结果。行动者最初的意图与行动本身的意义之间就像言说者意图与文本意思之间存在着间距，这一间距恰恰是行动伦理与责任的开始而非逃避。因为行动者不能以自己的意图来证明行动的正当性，行动时他必须考虑到他者的维度——行动并非行动者个人的所有物。

行动在时间中铭刻下自己的痕迹而成为事件，并沉淀为社会体制或者文化。于是人类的公共时间里就有了各种纪年方式、公共纪念日，也有了不断被回溯和谈论的事件模式，比如法国大革命、五四运动。更重要的，人类行动将无意义的物理时间铭写为历史。个体的行动在时间中留下的痕迹，会成为个人的名誉、信用和罪责等等，集体行动留下的痕迹往往产生社会现象和人类历史。

行动具有文本性的第三个方面，在于行动的意义和重要性往

---

① 司马迁：《史记·荆轲传》。

往能超越最初产生的情境,在新的情境下被实现或重演。所谓影响深远的行动就是能持久地与未来的语境发生关联的行动,比如基督教的圣餐仪式,在各种文化背景和语境下都能发生关联。

最后,行动就像一个开放的文本,向未来各种不同的"阅读者"敞开。① 行动不仅被同时代人还被未来读者、被历史所评判,而且行动的意义要面对不确定的一切可能的读者,等待新的诠释。行动的终极意义被悬置了,对行动的重新解释就是对该行动的继续推进。

二、行动的不可能性

利科为什么要讨论行动? 他希望通过对行动的考察解决什么问题? 行动问题又在他的思想中处于怎样的位置? 如果忽略了每个思想家面对的特有问题和思想走向,那么我们对各个行动理论的借用最终很可能沦为一种知识的汇编。在我们的问题域与利科的问题域之间必须实现某种程度的视野融合,因此有必要对利科行动观所处的诠释学立场进行反思。

海德格尔彻底改变了诠释学的思想地位,将它由方法论转变为本体论,使我们认识到诠释不只是一种思想方法或者某种活动,实际上它还是人类存在的根本形式。很大程度上,正是利科在人文学的各主要领域试图具体落实海德格尔的这一论断。"行动"问题属于利科一直关注的"文本、行动与历史"三大领域之一②,而文本以及传统上认为只适用于文本的诠释学则是他打通这三大领域的核心线索。这既源于利科的诠释学信念——诠释是存在的本体形式,也源于他的基督教新教信仰——书写与文本的先在性。然而无论是利科从这三大领域中总结出的解释(explanation)与理解(understanding)的辩证法,还是他综合英美分析哲学与欧陆现象学、诠释学的种种努力,都没有为不可诠释和不可言说之物留出空间,也就是布朗肖所说的未知(the unknown)、巴塔耶所说的不可能性和非知识或不可知(Un-Knowledge)。因此在利科谈论文学时,他强调的是文学能够揭示存在的多种可能性,因此他会将尼采、马克思和弗洛伊德的思想统称为怀疑的诠释学,而忽略了尼采

---

① Paul Ricoeur, *From Text to Action*, p. 155.

② Paul Ricoeur, *A Ricoeur Reader: Reflection and Imagination*, ed. Mario J. Valdés, New York: Harvester Wheatsheaf, 1991, p. 222.

的"超人"、马克思心目中"未来的共产主义"、弗洛伊德的"潜意识"这些概念中不可能性的维度。

面对不可能性，利科延续了巴门尼德斯的思想立场，这也是孔子在"未知生，焉知死？"这一反问中所表现出的态度：拒绝讨论不可能性。因为不可能的就是不存在的，而"不存在的，它一定不存在：我告诉你这是一条不能被探索的道路；因为你既不能认识不存在的，也无法表达它。"①

不可能性可以被讨论吗？可以用理论语言加以描述吗？诠释学以它对不可能性问题的沉默表示了否定。而这或许正是诠释学的问题所在，它是站在可能性的立场上审视不可能性，即把不可知看作是有待认知之物，使诠释成为一种理解的暴力。实际上这与海德格尔"向死而生"的主张或者说可能化不可能性的努力是同一方向的。

那么如何在诠释的循环中打开一个缺口？如何中断将所有差异削减为同一的封闭体系？如何从不可能性的角度反观可能性？而从不可能性的角度探讨"行动"又有什么不同？

图 8　电影《去年在马里安巴德》
(L'Année dernière à Marienbad)，1961 年。

①　Parmenides, in *Ancilla to Pre-Socratic Philosophers: A Complete Translation of the Fragments in Diels*, *Fragmente der Vorsokratiker*, trans. Kathleen Freeman, Cambridge: Harvard University Press, 1983, p.42.

电影《去年在马里安巴德》提供了一个从不可能性展示行动的典型范例。与文字叙述不同,电影这一特殊的艺术门类只能以动态画面的现在时来展示行动,从而营造了一种直接观察和记录行动本身的幻象。以至于罗伯-格里耶认为,"从本质上讲,我们在银幕上看到的是正在发生的事,我们看到的是事态本身,而不是对它的叙述"[1]。

然而这部电影质疑了直接展示"行动本身"的可能性。摄影这一媒介在貌似"裸眼"观察行动之前就必然已经有了自己的"剪裁"程式,比如平面或者立体,黑白或者彩色的形象,银幕框子、场景规模的大小等等。罗伯-格里耶对电影摄影框和画面的精心设计就说明这绝非"直接展示"。[2] 而且这部影片还将行动呈现为不可能的:人物的行动在电影里被削减到无法辨认乃至"不复存在"的程度。人物一律或静止,或动作僵硬、滞重而程式化,漫无目的地缓慢行走,毫无生趣的跳舞,毫无戏剧性的赌博等等。导演专门说明,"所有这些人的身体都完全静止不动,他们的脸部表情也完全是固定的,连眼皮都一动不动"[3],而且人物的对话冷漠、单调而冗长,完全是非意义化的语言。

这部电影绝非罗伯-格里耶所说的"天下最容易理解的电影,"[4]但也不是难理解的电影。"难理解"透露的还是对理解的强烈渴望,但是这部电影则从根本上不是为了理解。正如罗伯-格里耶所说,这部电影的立意是要跳出世界,因为世界早就被人类的理解塞满了各种意义,心理学的、社会学的和功能性的等等。[5]

有趣的是,尽管罗伯-格里耶声称电影直接展示"事态本身"而不是对事态的事后叙述,但是男主人公的叙述却是该电影的核心要素。从结构上说,这一叙述是将电影中各分立画面相连接的唯一线索。从内容上说,该电影依稀尚存的情节就是通过这一叙述

---

① 阿兰·罗伯-格里耶:"去年在马里安巴德",见黄雨石译《广岛之恋 去年在马里安巴德》,北京:中国电影出版社,1982年,第96页。

② Alain Robbe-Grillet, *For a New Novel*: *Essays on Fiction*, trans. Richard Howard, Evanston: Northwestern University Press, 1989, p. 21.

③ 阿兰·罗伯-格里耶:"去年在马里安巴德",第107页。

④ 同上书,第99页。

⑤ Alain Robbe-Grillet, For a New Novel: Essays on Fiction, trans. Richard Howard, p. 21.

被建立起来的。从情节上说,正是这一叙述使女主人公相信了可能发生在她与男主人公之间的爱情故事,并最终与他结伴离开。文学并没有像罗伯-格里耶所设想的那样与电影对立,更没有被从银幕中清除出去。实际上,在这部电影中,可能唯一真实发生的行动就是男主人公的叙述本身。男、女主人公与男配角三人之间发生过什么、将来又会怎样,都没有任何直接的展示。

文学与不可能性、不可知之间存在着一种天然的同盟关系。用德里达的话说,因为文学是一个有名无实的存在(the name without the thing)。① 它"只有功能没有本质,……不存在文学的本质和实体:文学并不存在。……文学经验的历史性就在于没有任何本体论可以加以本质化的东西之上"②。不仅文学本身是不可能的,文学还从不可能性的视角去审视可能性。这在俄国形式主义批评家什克洛夫斯基(Shklovsky, Vitor Borisovich, 1893—1984)那里被称为"陌生化"(defamiliarization)。陌生化恰恰是反诠释的,文学通过陌生化揭露了被可能性掩盖的不可能,用罗伯-格里耶的话说,"这一被再生产出的世界,它那些有点奇怪的地方揭示出我们周围世界的陌生性;这一世界如此陌生以至于拒绝服从我们理解和归纳的习惯"③。

因此,当利科把行动看作是文本来处理时,我们必须强调行动不应被看作是已被或者有待诠释的文本,即不能仅从可能性的角度去考察。行动是仍然充满了不可能性和不可知的文本,是永远作为他者的文本。从可能性的角度看文本,就是只从诠释学的立场看文本。这时文本是有待征服的,它的时间性是将来完成时。诠释学把未来已然当成过去,它还没有阅读文本之前就宣布它已经读过了。未来在诠释学下不过是现在的延伸,而乌托邦不过是可能性的投射,是对已知计划的实施。从不可能性立场看到的文本,则是布朗肖所谓的永远将要到来的文本(the book to come),它的时间性是永远不可知的未来。这未来取消了现在和在场,并会重新打开现在与过去,从而一直让现在与过去处于不确定性中。

第三章 文本与行动——自我分离

---

① Jacques Derrida, "Demeure", in *The Instant of My Death / Demeure*: *Fiction and Testimony*, trans. Elizabeth Rottenberg, Stanford: Stanford University Press, 2000, p. 20.

② Ibid. , p. 28.

③ Alain Robbe-Grillet, For a New Novel: Essays on Fiction, trans. Richard Howard, p. 21.

而不可能的乌托邦是不可筹划的，永远来自于外部的，因而是使我们一直保持开放、迎接和好客状态的乌托邦。

第三节　作为行动的文本

利科对文本与行动之间关系的阐述一直是双向的，不仅可以将行动看作是文本，反过来文本也可以看作是行动。虽然后一命题曾在本章第一节中通过言语行动理论被论证过，但我们认为利科对隐喻和叙述的考察实际上提供了论述文本行动性的另一条重要进路。而如果按照传统诗哲两分的思路，有所谓以思辨为特点的理论智慧或哲学智慧，那么隐喻与叙述或许就可以被称为文学智慧或者诗性智慧的体现。

之所以把隐喻和叙述看成是促使文本成为行动的要素，简单说是因为它们的重点既不在纯粹语言上的修饰也不在意义的呈现，而是在"做事"上。从巴门尼德斯一直到海德格尔，形而上学语言观强调的是语言应该与存在同一，语言揭示、呈现存在。而通过对利科的激进化处理，我们将提出语言是个事件，它通过隐喻和叙述的创造性行动不断改变着我们的生活世界（life-world），从而带来差异，打破了形而上学里语言与存在相同一的封闭性。所以如果形而上学语言观围绕的核心是"存在"（being），那么把语言看作是事件则是要强调"生成"（becoming）。用维特根斯坦的话说，隐喻与叙述分别在不同的层面上改变了语言的游戏，从而最终改变了生活的形式。

一、隐喻与行动

利科重新将隐喻问题置于哲学思想的考察之下，这一行动本身远比他直接表达出的哲学观点要激进得多。

长期以来，隐喻被认为或者是用来增强言语的说服效果，特别是在公开演讲和辩论的场合下。也就是阿伦特所理想的当言语成为行动，利科所说的当言语成为武器的时候①，此时隐喻隶属于修辞学的研究范围。或者是用于文学创作，起到修饰和美化语言的作用，在亚里士多德那里隶属于诗学。形而上学传统认为，隐喻不

行
动

90

---

① Paul Ricoeur, *The Rule of Metaphor*, trans. Robert Czerny, Kathleen McLaughlin & John Costello, London: Routledge, 2003, p. 9.

过是个替代品，代替那个缺席的、更加准确的词语或者观念，而且隐喻用在修辞术中往往会与权力相勾结，用在诗歌中则有蛊惑人心、败坏灵魂的危险。哲学话语则是言说真理的，并通过理性进行论证，所以杜绝了与权力以及暴力的联系。[1] 因此哲学家除非是为了指导和规范修辞术与诗歌话语（比如亚里士多德），否则他们绝不会专门探讨隐喻的问题，更不要说把它当作哲学的核心问题来研究了。

但利科却将隐喻作为建构其诠释学思想的起点，因为他相信隐喻是语言持续更新和生成意义的关键。[2] 他认为，隐喻作为语言创造力的来源之一（另一个重要来源是叙述），赋予了人类丰富的语言想象力（linguistic imagination），而语言的想象力或许是创造性想象力的基础。换句话说，人类的创造力很大程度上就是由语言的创造性带来的。[3]

与形而上学基础上的传统隐喻观很不同，利科开创了从行动的角度来理解隐喻的进路，把隐喻看作是话语行动（the act of discourse）的一部分。[4] 更明确地说，隐喻不是名词而是动词，是一种行动，是隐喻性地使用话语。[5] 因此必须从话语而非词汇的层面来考察隐喻，把它看作是一种陈述（statement）和述谓（predication）。

传统隐喻理论往往认为，隐喻是借用某一词汇的比喻义（喻体）以更形象、更易理解地，但同时也是间接地、偏离地传达另一个缺席词汇的本义（本体）。[6] 所以更为这些理论青睐的例子或许是"阿喀琉斯是头狮子"，或者"他有虎狼之心"。这样的隐喻观扼杀了隐喻的活力，使隐喻沦为词汇释义对照表的条目之一，比如狮子代表勇猛、虎狼意指阴险贪婪。在面对这样的现代诗句时，传统隐喻观就无能为力了："我们曾在卖花姑娘的小摊购买心脏：/那些心

---

① 利科继承了这一传统看法，参见 Paul Ricoeur, *The Rule of Metaphor*, p. 11.

② Paul Ricoeur, *From Text to Action*, p. 168.

③ Paul Ricoeur, *A Ricoeur Reader: Reflection and Imagination*, p. 463; *From Text to Action*, pp. 168—174.

④ Paul Ricoeur, *The Rule of Metaphor*, p. 70.

⑤ Ibid., p. 25.

⑥ Karl Simms, *Paul Ricoeur*, London: Routledge, 2003, p. 65.

脏是蓝色的并在水中绽放。"①我们徒劳地在文学隐喻的背后挖掘它的"本义",努力越甚、失望越深,最终我们对现代诗歌的"故弄玄虚"和"清高"感到愤怒。

利科指出,隐喻绝不是通过词语的对等翻译来揭示那个隐藏着的柏拉图式的理念或者永恒的存在。我们必须把隐喻放在整个句子乃至句子携带的语境中加以考察。因为隐喻话语的本体性作用是"将人呈现为行动的人,将所有的事物呈现为行动中的事物",隐喻"将现实揭示为行动……存在之每一个潜伏的可能性都显现为自然绽开的(blossoming forth),行动的每一种潜能都展现为实现的。"利科认为真正的隐喻应该是"活的隐喻",即能够把存在表现为活生生的、行动的存在②,而不是被埋葬在词典中已被驯服为词义条目的死去的隐喻。

那么"活的隐喻"是如何成为一种话语行动的?利科提出的张力理论(tension theory of metaphor)非常值得注意,它取代了传统的"替代理论",并以非深度的意义模式消解了形而上学的深度模式,正如"张力"(平面)和"替代"(深度)这两个隐喻的对比所显示的。利科认为,在隐喻话语中存在着三重张力或者说矛盾。陈述中的张力:喻意(tenor)与喻体(vehicle),焦点(focus)与框架(frame),主要主题与次要主题之间。诠释之间的张力:字面诠释与隐喻性诠释之间。字面诠释最终会因为语意上的不合理而无法成立,比如在卖花小摊上买到心脏,而隐喻诠释的意义来自字面的无意义,如果心脏真的是蓝色的并可以在水中绽放,那么就没有隐喻解释的必要了。系词("是"[is])关系功能中的张力:同一与差异

---

① Paul Celan, "Memory of France" in *Poems of Paul Celan*, trans. Michael Hamburger, London: Anvil Press Poetry, 2007, p. 61. 英语译文如下:"Together with me recall: the sky of Paris, that giant autumn/ crocus…/ We went shopping for hearts at the flower girl's booth:/ they were blue and they opened up in the water. / It began to rain in our room,/ and our neighbour came in, Monsieur Le Songe, a lean little/ man. / We played cards, I lost the irises of my eyes;/ you lent me your hair, I lost it, he struck us down. / He left by the door, the rain followed him out. / We were dead and were able to breathe." 试翻译如下:"和我一同回忆:巴黎的天空,那巨大的秋/藏红花……/我们曾在卖花姑娘的小摊购买心脏;/那些心脏是蓝色的并在水中绽放。/我们的房间开始下雨,/我们的邻居走进来,乐桑日先生(梦先生),一个瘦小的/男人。/我们玩牌,我输掉了眼睛的虹膜;/你把你的头发借给我,我输了它,他把我们打倒。/他摔门而去,雨也跟着他出门。/我们死了而且我们能够呼吸。"

② Paul Ricoeur, *The Rule of Metaphor*, p. 48.

之间。

　　隐喻中最重要的是第三重张力——"是"(is,to be)与"不是"(is not,not to be)之间的张力。或许这正是隐喻话语及其典型代表文学话语,不同于思辨话语及其典型代表哲学话语的地方。前者总是在"是"中包含着"不是",或者说文学话语公开了"是"所包含的"不是",而哲学话语却隐藏了这一点。利科称这一悖论为隐喻性的真理,以与恪守不自相矛盾律的思辨真理相区分,并把隐喻话语的作用概括为"把……看作"(seeing as),而不仅仅是"看"或者"揭示"。① 准确地说,隐喻既是一种被动的体验也是一种主动的行动。因为隐喻通过"虚构"和"重新描述"一直在创造关联、塑造并重塑世界,而非通过发现事物间已经存在的相似性来"描述"世界。

　　隐喻中的"是",明显的如"心脏是蓝色的"中的"是",隐藏的如"心脏在水中绽放"中的述谓关系。它不仅是个表示关联的系词,更是个动词"去存在"(to be)和"让存在"(to let it be),也就是"存在还是毁灭"(To be or not to be)? 中的那个"To be"。心脏、蓝色……还有巴黎在策兰的《巴黎的记忆》之后都不再是原来的样子了。因为"诗歌创造意象;诗歌的意象'成为我们语言中新的存在,通过使我们成为它所表达的那样来表达我们;换言之,它既是一种表达的生成,也是一种对我们之存在的生成。在此,表达创造了存在。'"② 结果,我们现在才发现,系词"to be"也是一个隐喻,就像哈姆雷特所使用的那样。

　　隐喻话语中的"是"包含着两种力量。首先是本体性的肯定力量,即肯定和相信隐喻所言是真实存在,且拥有远古咒语那样的创造魔力。心脏的确是蓝色的并真的在水中绽放,雨的确跟随梦先生出了门。这是隐喻得以成立的本体性要求,这时话语超出并遗忘了自身而指涉世界,利科称之为语言的绽出性或迷狂性(the ecstatic moment of language)。文学就是在此与神学产生了共鸣和内在关联,用利科的话说,"没有什么可以比诗性的体验更能见证这一肯定的强烈力量。"③ 隐喻还通过这一肯定力量实现了人与世界的交流,从而保存着人的归属体验——"将人置于话语中,将

第三章 文本与行动——自我分离

---

　　① Paul Ricoeur,*The Rule of Metaphor*,p.252.

　　② Bachelard,Gaston,*La Poétique de l'espace*,Paris:PUF,1957,p.7. 转引自 Paul Ricoeur,*The Rule of Metaphor*,p.254.

　　③ Paul Ricoeur,*The Rule of Metaphor*,p.294.

话语置于存在中。"①

　　"是"的另一种力量则是批判的力量，即"不是"的力量。这一批判力量坚守了隐喻中"是"与"不是"的界限，而保证隐喻一直是活的隐喻，是一种行动。心脏不可能真的是蓝色的，也不能在水中绽放，那么如何解释呢？这首诗为什么会把花与心脏"重叠"在一起？为什么器官或身体的一部分（心脏、虹膜和头发）会取代传统的浪漫意象群？如果我们已经死了，为什么还能回忆？批判的力量使人能与世界间离（distanciation），从而打开一个进行反思的空间，反思已经被隐喻话语重构了的现实。② 这一间离的力量也是神学的建构所必需的，否则信仰就有沦为迷信的危险，而且这一间离正是上帝在十字架上对自我的离弃。

二、叙述与行动

　　当英美言语行动学派以日常语言为典型范例说明言语是一种行动时，我们却能够借助利科在诗性话语（poetic discourse）或文学话语那里发掘话语的另一种行动方式，一种迂回的以至于微弱到总是让利科谨慎地称之为"虚构行动"（fictive and poetic doing）的行动。③ 这是一种不同于日常话语（着重交流性）和科学话语（着重求证性）的工具性，既有创造性（"to be"）也有批判性（"not to be"）维度的话语。④ 这种话语能通过语义创新而创造新的存在方式，以破坏和创造现实的方式发现现实。它为我们呈现的现实，永远是未完成的、非闭合的现实。诗性话语永远在形成中欢迎形成中的现实。⑤

　　从句子转向文本层面，利科在隐喻之后为我们指出了另一条语义创新的途径——叙述。与隐喻相同，叙述也是一种对各种异质性因素的综合。⑥ 文学叙述不同于历史叙述，它与隐喻一样公开保留了"存在"（是）与"毁灭"（不是）共存的不可决断状态。所以利科批评认为，文学的问题在于它是一种缺乏介入精神（commitment）的想象游戏，既没有共同体，也不试图与确定的社

　　①② Paul Ricoeur, *The Rule of Metaphor*, p. 370.

　　③ Paul Ricoeur, *Time and Narrative*, Vol. 1, trans. Kathleen McLaughlin & David Pellauer, Chicago: The University of Chicago Press, 1990, p. 40.

　　④ Paul Ricoeur, *A Ricoeur Reader: Reflection and Imagination*, p. 490.

　　⑤ Ibid., p. 462.

　　⑥ Paul Ricoeur, *Time and Narrative*, Vol. 1, p. ix.

会、伦理或政治立场相关联。① 不过反过来，这一批评也暗示了一种重要的可能：不可决断使得文学对各种异质因素的联系与综合并不必然像哲学思辨或者理论智慧对理论体系的建构那样，产生同一性的、总体性的封闭整体。

利科对亚里士多德的"Mimesis"作了激进化的重新诠释。他认为隐喻和叙述都是一种摹仿（mimesis），但不是对所谓"真实"复制式的逼真再现。因为二者不仅要呈现行动，而且它们自身就是一种创造性的行动②，也就是说，所谓"真实"或"现实"在被摹仿的同时不可避免地被改变甚至被创造，不存在不被言语"玷污"的纯粹真实，"不可能呈现'原原本本的真实'，也无法说'事实是什么'这样的话……所有试图恢复事实之原初状态或者实际状态从而重组事实的努力，都是徒劳的"。③ 换句话说，不存在始基性的原型，原型与摹本之间也没有根本的区分，只有原型与摹本之间的无限循环与延异。

这里我们需要借用利科的摹仿三阶段论，来说明叙述与行动之间的延异性循环，进而展示文本的行动性。利科将摹仿过程分为预塑型（prefiguration）、塑型（figuration）和再塑型（transfiguration）三个阶段，分别对应行动的预塑型、文本的塑型与行动的再塑型。利科从诠释学立场建立起的摹仿过程论就在本体上取消了文本或者作品的内外之分，从而也消解了实体性的作品观。

所谓行动的预塑型（Mimesis 1），指的是行动在进入写作者对它的塑型之前，早已经被文本塑型或者中介了。正因此，行动对写作者和它的阅读者来说才是可理解的，"如果虚构塑型的不是已经塑型在人类行动中的那些东西，那么虚构是不可能被人理解的。"④行动的被预塑型体现在三个方面。首先，语言中存在一套行动的语义学，即包括动机、意图、计划、原因、环境等等在内的概念体系，专门描述人类行动而非物理运动或心理活动的叙述话语网络——它们是当前英美行动哲学的主要研究对象。其次，人类行动基本的可读性还来自于行动的符号性，即行动总是已经被公共的符号、

---

① Paul Ricoeur, *A Ricoeur Reader：Reflection and Imagination*, p. 455.

② Paul Ricoeur, *The Rule of Metaphor*, p. 44.

③ Ibid., p. 299.

④ Paul Ricoeur, *A Ricoeur Reader：Reflection and Imagination*, p. 143.

准则或文化的规范中介了，因此在我们理解行动之前，它或多或少已经被预先理解了。最后，行动自身的时间性已经镌刻上了人类叙述的时间性印记，因此行动的时间决不是计量性的物理时间，而是与我们的关切、体验相连、与对这一行动的叙述相连的时间。行动总是好像已经是某个人生故事的一部分，具有利科所说的预叙述（pre-narrative）的时间结构。

文本的塑型（Mimesis 2）就是书写行动（act of writing）对于"现实"行动的情节编排（emplotment）。这表现为文学的或者历史的叙述行动。书写以一种同现实行动领域断裂的方式连接着行动的预塑型和再塑型。情节编排依靠讲（听）故事的智慧将纷繁芜杂的行动与事件组织成整体，而不是纯粹的因果逻辑或者线性的时间顺序。情节编排既伴随着对行动的诠释和反思，也就是对行动的阅读，也孕育着对行动的设想和试验，或者说书写。因此叙述行动总是处于利科所说的"意识形态维度"与"乌托邦维度"的张力之中。叙述的意识形态维度表现为叙述中对既有行动模式的重复，典型的如：民间故事、古代与现代社会中流行的"神话"。叙述的乌托邦维度则表现为：叙述中对传统行动模式的中断、偏离与批判，典型的如：小说叙述。

行动的再塑型（Mimesis 3）：摹仿的最后阶段，从诠释学的角度说也就是应用（application）阶段。文学或历史文本通过阅读行动改变了阅读者对行动的先理解（预塑型），也就改变了阅读者的现实行动。综合来看，摹仿是一种行动，一种针对行动的行动，"文学作品在不停地塑造并重塑着我们的行动世界。"[1]这样我们就由摹仿的第三阶段回到了第一阶段，形成了文本与行动之间的良性循环。

跟随着利科的诠释学，我们拉近了行动问题上"激进主义"者与"现实主义"者的距离，一段存在于激进的期望与当前通行的"常识"之间的距离。利科的可贵之处在于他细致地清理和巩固了那些激进主义者在匆忙和激动中开辟出的小径。假如没有他这些看起来妥协性的工作，那些小径很可能因包含歧途而遭到摒弃，或者因没有夯实而被莽草淹没。

---

[1]　Paul Ricoeur, *A Ricoeur Reader: Reflection and Imagination*, p. 150.

第四章

文学行动——越界性

本章要解构的是传统行动观中"现实"与"虚构"之间的二元对立。这种"现实"优于"虚构"的二元结构，使得我们过分强调了行动的功利性，极大限制了我们对行动的想象力。因为，行动很重要的一面就是它超越"现实"的"虚构性"，或者说超越"可能性"的"不可能性"。[1] 这种"虚构性"和"不可能性"，只在它改变了"现实"后，才会引起人们的注意，并被事后诸葛亮地称之为"奇迹"，或者已经变成可能的不可能。毕竟，从已经被行动改变了的"现实"出发反过来再看当初的行动，它当然是可能的。

另一方面，这种现实优于虚构的等级使得文学被看作，要么是行动的吹鼓手或者仆役，要么是完全无关于"现实"行动的贵族化的奢侈品。本章将说明，文学如何穿越、挑战并改变了现实与虚构之间的界限，而成为一种"越界"的行动。

在前面的章节里，行动仅限于身体行动的传统观念已被打破。我们发现行动是多样的，它还包括身体不在场的言语，以及声音不在场的书写文本。而在文学中，甚至连作为身体与声音在场之基础的现实也是不在场的，结果造成了身体与声音的双重不在场。但是这一"不在场"并不等于被排除，身体、声音与现实一直留有它们的痕迹，只是相对于"在场"来说已经被"弱"化了。不仅如此，由于是在虚构的空间里，这痕迹就一直是可疑的、不确定的，它无法成为证据，而只能提供不可能的见证。正是在这个意义上，本章将提出文学是一种"弱"行动。

---

① 比如在 1960 年代的美国黑人民权运动中，尽管在法律和现实中，黑人都还未实现与白人的平等，但是在行动中，黑人民权运动人士表现出各方面好像是与白人平等的样子，而不是低人一等。近代的工人运动、女权运动也都是如此，在他们尚未获得平等的权利和地位时，他们却按照已经获得平等的状态行动。See Jean-Philippe Deranty ed. , *Jacques Rancière：Key Concepts*, Durhum：Acumen, 2010, p. 72.

然而从科耶夫"行动就是否定"的观点看,文学行动的"弱"却是最激进的否定。因为在身体、声音与现实都不在场的文学行动中,文学的"虚构否定"或者说"假设否定"甚至悬置了行动的否定性原则自身。只是不同于黑格尔辩证法里否定之否定为肯定的结果,文学行动的激进否定最终走向的是不可决断性,它表现为在现实与虚构、词与物、存在与非存在之间的漫游和迷途。

　　本章借助的主要思想资源是,20世纪法国作家、文学理论家布朗肖(Maurice Blanchot,1907—2003)和当代法国马克思主义哲学家朗西埃(Jacques Rancière,1940—)二人思想中蕴含的文学本体论,以及他们对文学与行动之间关系的论述。首先,我们将考察"文学行动"这一概念的由来,然后引入来自朗西埃的"漫游"(excursion)和来自布朗肖的"迷途"(errancy)这两个术语来说明文学行动的特点。

第一节　文学行动的谱系学

　　"文学行动"这一概念的产生过程本身就像是一个文学行动——打破了虚构与真实之间的界限。

　　通常人们认为这个术语来自解构主义思潮之父德里达(Jacques Derrida,1930—2004)。不可否认的是,自从他的文学论文以英文结集,并冠以《文学行动》(*Acts of Literature*)之名出版①,"文学行动"一词开始引起学术界的广泛关注与讨论。然而,《文学行动》的书名实际上是论文集的编者所加,而非德里达本人。而且,虽然德里达的确在著作中使用过"文学行动"这个词,并有意在"阅读"和"书写"两个词后都加上"行动"一词以示强调,但他从来没有把"文学行动"当作核心术语,也没有对其含义做过详细说明。②

　　很大程度上,德里达是一个被虚构出来的"文学行动"发起人。

　　不过,学术界对这一提法的深入探讨却逐渐使它从虚构走进现实。比如,美国耶鲁学派的希利斯·米勒(J. Hillis Miller,

---

　　① Jacques Derrida, *Acts of Literature*, ed. Derek Attridge, New York: Routledge, 1992.

　　② 英译为"the literary act",参见 *Writing and Difference*, trans. Alan Bass, London: Routledge, 1978, p.8.

1928—)就对"文学行动"的提法做出了热烈响应。他借助德里达和德-曼(Paul de Man，1919—1983)的思想对言语行动理论进行了解构主义改造①，然后从"文学言语使读者相信了什么、达成了什么效果"的角度，将他的"文学行动"理论建构成一种对于文学作品的诠释和鉴赏方法。②

所以，《文学行动》乃至后来《宗教行动》的编辑出版③，与其说是对德里达相关论文的一种"真实的"存档记录，倒不如说是英美学术界借德里达之力发起的一个"虚构的"行动。这是一个既没有起始点，也没有预设结论，仍在进行中的行动。

只是，目前英语学界所致力的方向，还只局限于提供一种分析文学作品的方法，这无疑削弱了"文学行动"可能蕴含的丰富思想意义。从思想谱系看，德里达之所以能够创造出"文学行动"这个理论术语，是因为有三个理论准备：言语行动理论，解构主义，还有萨特的"介入文学"论。

言语行动理论主张文学是一种言语实践活动，而非形而上学中具有本质属性的存在，这与德里达的看法有相同之处。④ 德里达明显使用了很多来自言语行动理论的术语，并在他对文学"本质"的描述中强调，文学是由书写和阅读的实践活动在历史中创造出来的。⑤

不过，德里达反对言语行动理论保留的二元对立结构：日常语言是原生语言，文学语言是寄生性的，前者是范本，后者是摹本，前者是正常的，后者是反常的。他所理解的"行动"具有越界性：跨越了事件与物体，言说与书写，原型与摹仿，时间与空间之间的界限。⑥ 他使用"文学行动"这个词汇，正是想说明：文学既是行动又是对行动的摹仿，既是践行又是记录，既是事件又是法则。⑦

"文学行动"的第三个思想源头英语学界很少提及。在 20 世

---

① *Speech Acts in Literature*，Stanford：Stanford University Press，2001.

② *Literature as Conduct*：*Speech Acts in Henry James*，New York：Fordham University Press，2005.

③ Jacques Derrida，*Acts of Religion*，New York：Routledge，2002.

④ 德里达表示："我认为自己在很多方面与奥斯汀都非常相近，我既对他的问题感兴趣，也从他的疑问中获益。"See Jacques Derrida，*Limited Inc.*，p. 38.

⑤ Jacques Derrida，*Acts of Literature*，p. 45.

⑥ Ibid.，p. 2.

⑦ Ibid.，p. 19.

纪西方知识界，极力倡导"文学就是行动"的第一人恐怕是萨特。1947 年，在《我们为自己的时代写作》一文中，萨特旗帜鲜明地宣称"我们希望艺术作品也能成为一个行动；我们希望它被看作是人类与邪恶作斗争时的一件武器"。①

同年，他在《什么是文学》一书中明确提出了以行动为指向的"介入文学"（littérature engagée，英译为 committed literature）。他认为，人的存在有三个维度：拥有（having），做（doing）和存在（being）。传统文学是置身于世界之外的静观文学，以消费为目的的文学则供人们占有和享乐，前者是"存在"的文学，后者是关于"占有"的文学，而今天，我们需要的应该是通过行动介入世界、从而改变世界的"行动"的文学。②

但是不久，布朗肖就通过散文《文学与死亡的权利》（1947）③以及专著《文学空间》（1955）④针锋相对地回应了萨特"介入文学"的主张。他认为文学是个悖论，文学的介入终归会转变成不介入，文学的行动总会变成不行动，因为文学的否定是无限的，缺乏现实行动的否定所必需的具体性和有限性。⑤

这场在萨特与布朗肖之间进行的论争，一直没有得到充分关注。因为萨特在当时法国知识界的地位如日中天，而布朗肖这个 20 世纪法国有名的隐士，从写作风格到个人生活，一直实践着他"自我抹除"的主张，其"理论"著作又相当文学化，甚至从未在上述著作中点出萨特之名，更没有相关的引用或者注释。

但是，在德里达称文学为"一种奇怪的没有建制的建制"时，无疑他是在继续萨特和布朗肖那一代对"文学是什么"这一问题的讨论。⑥他将文学阅读与非文学阅读之间的区别描述为是超验阅读

---

① Jean-Paul Sartre, "We Write for Our Own Times," in *Virginia Quarterly Review* 23. 2 (Spring 1947), p. 237.

② 他表示："必须抛弃存在的文学而开创实践的文学"，参见沈志明、艾珉主编，《什么是文学》，《萨特文集》第 7 卷，施康强译，北京：人民文学出版社，2005 年，第 268 页。

③ Maurice Blanchot, "Literature and the Right to Death," in *The Work of Fire*, pp. 300—344.

④ Ian MacLachlan, "Engaging Writing: Commitment and Responsibility from Heidegger to Derrida", in *Forum for Language Studies Vol.* 42 *No.* 2 (2006), pp. 118 —119.

⑤ Maurice Blanchot, *The Station Hill Blanchot Reader: Fiction & Literary Essays*, ed. George Quasha , Barrytown: Station Hill Press, 1999, pp. 373—374.

⑥ Jacques Derrida, *Acts of Literature*, p. 36.

与非超验阅读间的区别,基本延续了萨特对诗歌与散文的区分,他把文学看作是对民主政治的召唤,也留有萨特"介入文学"思想的痕迹。他提出文学既有质疑一切的一面,同时又有召唤他者到来的一面,则在很大程度上重申了布朗肖的看法。[①]

所以,"文学行动"这一概念诞生的背后,一直存在着丰富的美学意涵,以及强烈的伦理与政治关切。

第二节 文学行动的漫游

现在我们将借助朗西埃与布朗肖二人对文学与行动关系的探讨,重新塑造"文学行动"的思想。首先,我们要提出,不同于现实政治行动表现出的明确"目的性",文学行动具有超越任何目的的"漫游性"。

一、文学政治学

1. 对可感知物的划分

对"文学行动"最容易产生的误解是,以为它主张:文学应该具有现实功用性,尤其是文学应该承担起它的社会责任,参与某一现实的政治行动,简单说就是,文学总应该"做点什么"。

然而人们往往忽略了一点:在要求文学应该"做点什么"之前,在一定的历史时期,在一定的意识形态主导下,总是事先潜藏着一定的标准,它决定了做什么可以算作是"做",而做什么是被看作无足轻重,甚至是无所作为,被斥为"游戏"或者"胡言乱语"。在某一历史时期、某一既定社会里,总是存在着这种对于"做"与"没有做"、"有为"与"无为"的分割。只是人们经常忘记质疑:是谁,又是根据什么标准,做出了这种分割?这一分割并不是"自然的",它总是受制于人们之间的经济关系(马克思),一个时代的知识型(福柯,Michel Foucault,1926—1984),以及主导人们的思维范式(库恩,Thomas Kuhn,1922—1996)。反过来,这一分割又决定了某个既定社会的权力结构。

---

① Jacques Derrida, *Acts of Literature*, pp. 58, 74—75. 参见布朗肖《文学与死亡的权力》一文,特别是开头部分谈到文学的疑问,"Literature and the Right to Death", in *The Work of Fire*, pp. 300—344.

传统对于文学与行动之间关系的讨论，包括萨特的"介入文学论"，都忽略了对于这一分割本身的批判。它们直接根据文学之外的某一既定的"真理标准"或者政治信条，通过衡量文学对它的服从程度，来判断文学是否"有所做为"。

　　我们在朗西埃提出的"文学政治学"（the politics of literature）中则看到了一个全新的视角。朗西埃指出，最根本的政治问题不在于如何操纵或者争夺权力，而在于如何建构共同的经验世界。换句话说，哪些经验可以被经验，哪些东西能够成为被公众看见、听见和讨论的客体，能够成为公共的话题，而哪些不能；哪些主体被认为是有资格赋予这些经验以意义，有资格对这些经验进行讨论，而哪些甚至不能被建构为可以被看见、被听见的主体。[①] 比如在古希腊，奴隶和妇女所做的一切都被认为是属于家政的私领域，他们的感知和体验不被承认，同时他们也被禁止进入公共领域参与政治。在当时的共同世界里，奴隶和妇女，他们的感受还有他们面临的问题，都是看不见、听不到的。还比如，仅就西方来说，穷人、妇女、有色人种都曾被排斥于共同的经验世界之外。

　　朗西埃指出，在政治领域里一直存在着亚里士多德所说人的"言说"与动物的"声音"之间的分割，即一些人说出的话被认为是理性的有价值的"言说"，而另一些人说出的话只被看作是表达快乐或者痛苦的非理性的"声音"，因而没有价值。[②]

　　因此，朗西埃将政治定义为是对"可感知、可见与可说事物"的划分。[③] 各种政治运动最重要的后果就是重新划分可感知的时空，使原本看不见的事物变成可见的，使原本发出"噪音"的"动物"变成可以被听见的言说主体。[④] 而文学所做的就是，参与对可感、可见和可说事物的划分，参与对共同的经验世界的建构，改变我们的存在方式、行事方式与言说方式这三者的关联。[⑤] 就好像王尔德所

---

① Jacques Rancière, *The Politics of Literature*, trans. Julie Rose, Cambridge: Polity Press, 2011, pp. 3—4.

② See Aristotle 1453a10 — 18; Jacques Rancière, *The Politics of Literature*, trans. Julie Rose, Cambridge: Polity Press, 2011, p. 4.

③ Jacques Rancière, "The Politics of Literature," in *Substance* 33. 1 (2004), p. 10.

④ Jacques Rancière, *The Politics of Literature*, trans. Julie Rose, Cambridge: Polity Press, 2011, p. 4.

⑤ Ibid. , p. 10.

说，"伦敦的雾已经存在了几个世纪。……但没有人看见它们，所以我们对它们也一无所知。直到艺术把它们发明出来，它们才存在"①。

而这就是"文学政治学"，它既不是写作者个人的政治诉求，也不是文学作品所表现的政治运动，而是文学自身的"元政治"（meta-polotics）。所以不存在文学再介入自身之外的某个政治信条或事业的问题，萨特所说的"介入文学"也就是个伪概念。

朗西埃没有说的是，现实政治行动一般具有明确的目的性，而且一旦实现往往就意味着终结，而文学行动永无终结。尤其杰出的文学作品，能在历史的长河中持续地与"现实"发生互动，不断挑战、更改可见与不可见、可感与不可感之间的疆界。而我们经常是在经验世界被某个文学作品改变之后，才会对它的行动有所觉察。所以，与现实政治行动表现出的目的明确的"有为"不同，文学行动经常是漫无目的的"无为"。

2. 共同的感知世界

与阿伦特一样，朗西埃认为政治生活的基础是共同世界或者说公共空间，并且也以戏剧舞台为类比设想这一公共空间。② 不过，阿伦特提出的公共空间是政治生活的理想状态，具有乌托邦色彩，朗西埃所说的共同世界则现实地存在于一切政治状况中。阿伦特的公共空间是静态的，以"持久"为特点；朗西埃的共同世界则是动态的，其边界不断地被新的闯入者改变，可见与不可见的划分也随之变更。此外，阿伦特构想的公共空间是一个进行理想交流的理性空间，情绪、感情等等非理性因素都被划分给私领域；朗西埃则强调共同世界是由各种各样的感知经验建构而成，而"共同"并不意味着这些感知彼此一致，相反它们往往是"百家争鸣"的。③

正因此，文学在阿伦特和朗西埃二人的思想中具有不同的地位和意义，而朗西埃则对文学行动有更透彻、更准确的揭示。在阿

---

① Oscar Wilde, *The Artist as Critic：Critical Writings of Oscar Wilde*, Chicago：Chicago University Press, 1982, p. 312.

② 朗西埃再次批评了传统的政治观，"政治是显现的问题，是构建一个共同舞台或者表演出共同场景的问题，而不是管理共同利益的问题。"Jacques Rancière, "Politics and Aesthetics：An interview," in *Angelaki：Journal of Theoretical Humanities*, Volume 8, No. 2 (August, 2003), p. 202.

③ Jacques Rancière, *The Politics of Aesthetics：The Distribution of the Sensible*, trans. Gabriel Rockhill, London：Continuum, 2004, p. 42.

伦特看来,文学只是一种制作。文学所做的是参与建构一个不被自然侵蚀的人类世界,以及为人类行动作第二手的见证,因为对她来说耳闻目睹的历史具有绝对优先的地位。

在朗西埃看来,文学是一种审美的行动,它创造出新的感知体验模式,并引入新型的政治主体性,好像一个不断生产感知体验的工厂。① 此外,文学行动还具有整合性,它与其他艺术形式一道将丰富的人类活动编织到一起,构建起一个共同的感知世界。②

文学行动更重要、也更危险的一面是,它对感知经验的既定秩序具有颠覆性。在任何社会,或者说在任何共同世界里,都存在着对感知经验的分配秩序。这一秩序构成了一套坐标系,它分配每个人在社会中的特定位置和角色,并分配我们的存在、职业、行为、交流乃至感知模式。它一直监督着可说、可见与可感的边界,规范着主体的显现方式。③

然而,文学对这一秩序构成了威胁。首先是因为它拒绝接受确定的位置和角色。用柏拉图的话说,"摹仿"的艺术没有服从"每个人只能做一件事"的规定:它在现实中做摹仿这件事,而同时又在摹仿中做了另一件事,它拒绝在虚构与现实间做非此即彼的选择。朗西埃认为,这是除了撒谎和有害灵魂以外,诗歌被柏拉图驱逐出理想国的另一个重要原因,因为在理想国里,"鞋匠总是鞋匠,不会在鞋匠之余还要做舵手。"④

不仅如此,文学还为"不可见者"提供了打破可见与不可见之间壁垒的机会。所谓"不可见者"就是那些没有机会进入公共领域参与政治生活的存在者。他们或者受困于既定社会秩序给他们分配的位置,既没有时间也没有资源进入公共领域,比如男权社会下的妇女,还有被工作所束缚的劳动者;或者既定社会秩序根本没有给他们任何位置,比如同性恋者、疯癫病人等等。

而文学行动为所有陷入黑暗的私领域的"不可见者"搭建了一个公共舞台——文学作品。他们或者通过成为文学"摹仿"的对象,引发公众的关注和讨论,从而变成可见的;或者通过文学创作,即便在

① Jacques Rancière, *The Politics of Aesthetics*: *The Distribution of the Sensible*, trans. Gabriel Rockhill, London: Continuum, 2004, p. 10.

② Ibid., p. 42.

③ Ibid., p. 89.

④ 柏拉图:《国家篇》397E。

没有时间和渠道的情况下，也能通过作品进入公共领域。简单说，文学作品给予了"不可见者"进入公共领域的时间和空间。①

3. 文学的民主

前面说文学政治学是文学自身的政治，是文学从自身的立场出发对可感知事物的分配，那么什么是文学自身的政治？

首先，"文学"这个词汇描述的既是一种观念，也是一种实践，它是在历史中逐渐形成的，而并非是自古有之且亘古不变。② 英国马克思主义理论家威廉斯（1921—1988）对"文学"这一关键词在欧洲历史上的演变作了梳理。他发现从词义演变看，"literature"一词在西方直到约18至19世纪才具有我们现在所理解的"文学"之义，专指创造性的虚构书写这一实践活动。德里达也认为，文学是一个相当晚近的发明。③ 他还提出，文学标志了一种新型"言说建制"的诞生，这种建制非常奇怪，因为它给予写作者讲述一切的自由，结果文学反而成为一种打破一切建制的建制。④ 因此，毫不奇怪，威廉斯会把文学的诞生看做是社会、文化史的一项重大变化，乃至重要的政治发展。⑤

或许，我们可以将这种"重要的政治发展"描述为，文学与民主之间"同盟关系"的建立。我们这里所说的民主，或者说文学向我们揭示的民主，并不是指西方代议制"民主"政治制度，而是一种更加"根本"和"激进"的民主。这种民主是个动态过程，而不是一种状态，它是对言说方式、行动方式与存在方式之间一切既定等级关系的颠覆，它是在分割可感知事物时，对一切稳定等级体系的破坏。⑥

谁能说话、谁能聆听说话而谁不能，在传统社会里甚至在今天都存在严格的等级界限。⑦ 朗西埃提出，文学首先打破的就是这种

---

① Jacques Rancière, *The Politics of Aesthetics*: *The Distribution of the Sensible*, trans. Gabriel Rockhill, London: Continuum, 2004, p. 43.

② Jacques Rancière, *The Politics of Literature*, p. 10.

③ Jacques Derrida, *Acts of Literature*, p. 40.

④ Ibid.

⑤ 雷蒙·威廉斯：《关键词：文化与社会的词汇》，刘建基译，北京：三联书店，2005年，第271—272页。

⑥ Jacques Rancière, *The Politics of Literature*, p. 14.

⑦ 比如历史上，妇女、孩子以及仆役都只能在被问话时才能说话，而不能主动发起一个谈话，也不能回嘴，也就是不能进行平等的辩论，更不能参与"家长"的讨论。正如一句俗语所显示的，"大人说话，小孩儿不要插嘴。"

等级关系。因为产生于现代的文学主要是一种书写的实践,而书写如柏拉图所说,会没有选择地对一切人"说话",传到"能看懂"它的人手里,也传到"看不懂"它的人手里,还传到与它"无关"的人手里。书写还有一个罪状,它不像言说,没有作者—父亲的在场监护,不能阻止阅读者以不同的方式解读它。① 但是反过来说,正因此,文学得以平等地对所有人说话,并给所有人以说话的机会,朗西埃认为这是文学民主性的表现之一。②

文学打破的第二层等级关系是古典诗学中的文体与主题等级。事实上,古典时期诗学中文体与主题的等级,对应的恰是当时社会生活中话语权力的等级关系。

亚里士多德提出,诗优于历史,因为诗摹仿的是具有因果关系因而更具普遍性的行动,尤其悲剧诗摹仿"严肃"的行动,所以诗更富哲学性、严肃性,而历史只是记载实际发生的偶然性事件,或者说生活本身。可是什么是"严肃的行动",在古典时代却有专门的界定。掌握话语权力的是王公贵族、将军和神职人员,他们的言语才是真正具有效力,从而能成为"行动"的言语,而其他人尤其是公共政治领域之外的平民,他们的言说只能是日常的闲话或者"小说"③,无法构成"严肃"的行动。所以,诗优于历史的等级,既对应于因果律优于偶然性的等级,也对应于贵族行动世界优于平民生活世界,有意义的言说优于无意义的"声音"之间的等级。古典诗学在主题和素材上也有等级:史诗和悲剧是对高贵行动和人物的摹仿,而喜剧是对普通人和卑微主题的摹仿,因而前者高于后者。

4. 文学自身的政治

然而产生于现代的文学摧毁了所谓合适的人、在合适的时机、以合适的方式、遵照合适的程序进行言说的规则,瓦解了人物与主题素材之间的任何等级原则。朗西埃以法国作家福楼拜的"纯文学"创作为例,为我们解释文学如何超越读者和作者的政治,而成就其自身的政治。

福楼拜的文学创作以对文字的"不透明"使用为宗旨。他认

---

① 柏拉图:《国家篇》275E。

② Jacques Rancière, *The Politics of Literature*, pp. 14—15.

③ 在汉语文化环境下,"小说"的原意是偏颇琐屑的言论,参见《庄子·外物》:"饰小说以干县令,其于大达亦远矣,"或者街谈巷语,道听途说,参见《汉书·艺文志》序:"小说家者流,盖出于稗官,街谈巷语,道听途说者之所造也。"

为,传统对文字的使用总是服务于文字之外的某个现实目的,且理想的状况是文字本身变得"透明",从而直接显现出文字背后的目的。不透明地使用文字就是实践"为艺术而艺术"的纯文学,将文字从一切"透明的"使用中抽离出来,最后显现的不是文字背后的目的,而是文字本身。

有趣的是,虽然福楼拜的"纯文学"号称摆脱了一切政治追求和现实意图,但是无论当时的批评家还是后来的萨特,反而认为福楼拜的"纯文学"具有很强的政治意味。萨特提出,一方面福楼拜物质化和纯粹化文字的企图,是要抵制小资产阶级庸俗的生活方式,打造一种新的贵族制,幻想生活在仅属于艺术家的纯文字世界里。① 但另一方面,这一拥有"私人天堂"的梦想又恰好是小资产阶级私有财产意识的投射。所以福楼拜对文字的纯物化是小资产阶级反民主的一种策略。② 但是与福楼拜同时代的批评家却有不同的看法。他们注意到,福楼拜的小说非常执迷于细节,对行动和人物的人类意义则相当冷淡,而且他一点不在意主题素材的高低贵贱,更不关心所描写的人物或者物体的贵贱,这些处处都是民主制的痕迹。③

不过写作者本人的政治态度呢? 福楼拜既不喜欢民主分子也不喜欢保守分子,更不喜欢介入当时的政治。这种"非介入"的态度,被当时的批评者看作是民主的标志。朗西埃认同这一看法:如果没有平等的权利去成为民主分子或者反民主分子,或者对两者都不感兴趣,那还是民主吗?

事实上,即使在所谓"深度介入"的文学那里,我们也能发现"文学自身的政治"。"文革"期间,文学文本的生产、发表、阅读、评论,全然成为现实政治行动的一部分。只是每当一批"介入文学"被树立为符合意识形态标准的经典之作,接下来的命运一定是被怀疑和被打倒。这不仅仅是因为革命就意味着持续性地断裂,不停地发现反动④,还因为只要它还是文学,其纯粹性和忠诚度在现实政治看来就总是可疑的。可以设想,纯而又纯的介入文学或许只能是政治口号,然而一旦口号被当作文学来阅读,对它的反讽和颠覆也当在情理之中了。

---

①②③ Jacques Rancière, *The Politics of Literature*, p. 12.

④ 洪子诚:《中国当代文学史》,第 146—147 页。

二、文字/道的漫游

从文字到世界，从虚构到现实，如何跨越这中间的截然对立和分隔？朗西埃的回答是"漫游"。

1. 指涉与意义的被悬置

要理解"漫游"的含义，我们可以借用一个来自布朗肖的例子。[①]"总管亲自打电话过来了"这句话，如果出现在现实生活场景和文学作品虚构中，分别会引起读者怎样不同的反应呢？若是出现在我们办公室的留言本上，那么显然它有一个确定而有限的语境，不过我们对这有限语境的知识却几乎是无限的：比如主管是谁，我与他的关系，他打电话来的原因可能是什么，等等。因此我们很快能找出这句话背后可能的具体指涉。然后，这个有了具体指涉和意义关联的句子就能直接构成一个对我们的行动：警告、敦促或者提醒。

但如果是在阅读一部小说，比如卡夫卡的《城堡》，我们对于小说所展开的世界总是处于信息贫乏状态。因为小说呈现出的永远是虚构世界的冰山一角，或者说读者面对的是个无限的语境，却只有有限的知识。即便是到了小说的结尾，这一无知仍然伴随着我们。总管是个怎样的人？他有什么意图？他和其他人物有怎样的关系？用布朗肖的话说，"匮乏是虚构的本质"。[②]

所以，如果这句话出现在文学虚构中，那么它的具体指涉就会处于不确定状态。而减少这一不确定的唯一希望是阅读更多的句子，可是更多的句子在带给我们更多信息的同时，又会带来更多的不确定。于是这句子就会因为指涉的悬而未定，或者说不可决定，而无法转变为直接的言语行动，处于一种"漫游"状态。

文学的不确定性造成了对行动的"搁置"和"延异"。以至于执着于言语行动的美国文学理论家们只好求助于传统的摹仿论，认为文学的言语行动只是一种摹仿性的言外行动（an imitation

108

---

① Maurice Blanchot, *The Work of Fire*, trans. Charlotte Mandell, Stanford: Stanford University Press, 1995, p. 75.

② Ibid.

illocutionary act)。① 人们为文学对行动造成的悬置或者说"耽误"而感到遗憾。但是反过来我们要问，为什么对行动的"搁置"和"延异"就不能被看作是一种行动呢？它们各自的绝佳范例不正是"等待"与"漫游"吗？

是不是因为等待与漫游的被动性(passivity)？还有它们的"无为"，它们的"弱"，以及它们对权力意志的摒弃？然而这些特点恰恰是文学与"爱"发生共鸣的地方，正如英语"falling into love"或者中文"坠入爱河"所显示的："你问到爱是如何能够发生的……她回答说：绝不是通过一个带意志的行动。"②

图 9　瓦西里·彼罗夫(Василий Перóв)，《漫游在田野》(Wandering in a field)，1879 年。俄罗斯下诺夫哥罗德州美术馆(Nizhny Novgorod Art Gallery)。

2. 虚构与现实二元对立的产生

再回到文学虚构与现实世界的分野。"现实"一直力图主导虚构与现实之间的二元对立，很多时候甚至成功招安了"虚构"，将它转变为"现实"的一部分、体制的一部分。现实社会已经规范好了什么虚构才是"虚构"，比如灰姑娘遭遇"高帅富"的模式，或者颓废

---

① Monroe Beardsley, "The Concept of Literature," in *Philosophy of literature*: *contemporary and classic readings*: *an anthology*, eds. Eileen John, Dominic Lopes, Malden: Blackwell, 2003, pp. 51—57.

② Maurice Blanchot, *The Unavowable Community*, trans. Pierre Joris, Barrytown: Station Hill Press, 1988, p. 41.

艺术家与美女的纠结爱情,再或者明君、奸臣与贤相的互动。人们可以在这些已经被核准的"虚构"模式下自由发挥,毫无麻烦地自娱自乐,当然前提是只要不超出现实已经为"虚构"划定好的界限就行。①

文学虚构的"现实性"就在于恪守虚构与现实的分野,把自己摆在一个"合适的"位置上,遵循社会认可的虚构准则。换句话说,要让读者和观众毫不费力地一看就知道它是"虚构"。凡是已经变成情节套路和陈词滥调的虚构,事实上就是已经被"现实"规训了的"虚构",一个在现实管辖下的孤立小岛。

只是,虚构与现实相对立和分隔的这一"现实"是如何产生的?这一二元对立是从来就存在的吗?对这一问题本身的审视,将把我们带回到文学诞生的那一刻。在那里我们将会发现文学、行动与神学之间的内在关联。

卡西尔(Cassirer,Ernst,1874—1945)和许多学者认为,在人类最初的原始状态下,语言、文本与世界之间没有清晰的界限。当时,人们相信语词有一种切实的力量,可以直接作用于人和物,因此掌握了语词或姓名就能控制事物乃至人。② "无论在哪里,有两三个人奉我的名聚会,那里就有我在他们中间"(《马太福音》18:20),这句话反映了当时人们对语言之力量的信仰。人们相信只要上帝之名被召唤,他就一定会在场。③ 在西方,这种观念从古典时期到中世纪一直主导着人们的认识。

苏联符号学家洛特曼(Lotman,Yuri,1922—1993)认为,从文化符号学的角度看,中世纪世界里的一切事物都被赋予了文化符号的属性,甚至连人也是上帝的符号,因为人是上帝根据自身形象创造出来,并反映了上帝的形象。而且宇宙万物都具有确定的意义,意义才是存在的标志,所以那些只服从于实用目的的对象在文化代码的结构中具有最低的价值。④ 有限的物质性表达(肉身)必

---

① Jacques Rancière, *The Flesh of Words*:*The Politics of Writing*, trans. Charlotte Mandell, Stanford:Stanford University, 2004, pp. 88—89.

② "词语与世界的关联如此紧密,以至于对于语言的操控就像接触活物一样困难和充满危险。"参见 Maurice Blanchot, *The Work of Fire*, p. 322.

③ 转引自恩斯特·卡西尔:《语言与神话》,于晓等译,北京:三联书店,1988 年,第76 页。原出处为狄特里奇(Dietrich):《密特拉教的崇拜仪式》。

④ Lotman, JU. M., "Problems in the Typology of Culture," in *Soviet Semiotics*:*An anthology*, ed. & trans. Lucid, Daniel, Baltimore:The Johns Hopkins University Press, 1977, pp. 217—218.

须成为更有价值的无限内容（道）的符号，肉身与道之间必须保持紧密的关联。因此，在中世纪文化结构中，现实与虚构之间是不存在清晰界限的。

启蒙运动之后，西方文化发生了文化结构的根本变迁。启蒙型文化结构建立起了自然与非自然的二元对立。人们相信，物质的世界是自然而真实的，符号与社会关系则是非自然的，因为它们是虚构出来的，是虚假文明的产物。人们的价值判断也发生了逆转，曾经低贱的实物现在则被认为是最有价值的，因为它真实，而文字或者说道，曾经被看作是上帝创世的第一个行动（"太初有道"），现在则被看作是虚假的典型。[①] "物体、行动、真实"是自然的，"文字"则是非自然的，二者构成了严格的对立。人们谴责现代文明，认为它是文字奴役行动产生的恶果。[②] 正是在此时，道与肉身之间的紧密关联开始断裂，而虚构与现实之间的对立逐渐形成。也正是"上帝之死"或者说神的缺席使文学——这种漫游的文字、这种寻找不到肉身的"道"——的存在成为可能。卢卡契（György Lukács，1885—1971）就曾指出，小说实际上是现代世界的史诗，只是诸神已经不复存在。[③] 从此以小说为代表的现代文学不得不承担一个不可能的任务，"重新诗化一个已经丧失了诗性的世界"。[④]

所以，在现实与虚构相对立的现代性背景下，"文学行动"就成了一个不可能的概念，一个在"文学"与"行动"之间的悖谬组合。这一悖谬的背后或许正是文学与基督教神学在当代共同面对的困境：文字与现实、道与肉身之间的隔绝。而身处现代性中的我们，回到词与物毫无界限的过去既不明智也不可能。那么如何在保持二者张力的同时，穿越文字与现实、道与肉身之间的壁垒？

3."道"住在我们中间

朗西埃试图通过解读《圣经·约翰福音》的"双重结尾"来回答这个问题，而我们也将借用他的例子深入探讨文学行动的"漫游"。

《约翰福音》有前后两次结尾。第一次是在第 20 章 30—31 节：

　　耶稣在门徒面前另外行了许多神迹，没有记在这书上。

---

① ② Lotman, JU. M., "Problems in the Typology of Culture", p. 218.

③ 转引自 Jacques Rancière, *The Flesh of Words：The Politics of Writing*, p. 71.

④ Ibid.

但记这些事,要叫你们信耶稣是基督,是神的儿子,并且叫你们信了他,就可以因他的名得生命。

作者向我们表示,耶稣做的很多神迹没有记在本书中,很明显是在暗示他要省略这些内容。而在接下来的那句话里,作者又直接挑明了他的写作目的,所以读者完全有理由认为记述到此结束。

然而,作者似乎突然改变了主意,笔锋一转,又继续写道:"这些事以后、耶稣在提比哩亚海边、又向门徒显现。他怎样显现记在下面。"(21:1)附加的新故事力图证明作者在前一个结尾中做出的声明:耶稣的确另外行了很多神迹,"我"现在只挑其中一个举个例。如果说第一个结尾之前的故事是对耶稣的道成肉身,他的复活,以及他仍然生活在我们中间作见证,那么附加的记述则是对前面的见证作见证。

作者在附加的故事里讲述了耶稣复活后向门徒的第三次显现:彼得带着其他门徒打鱼,耶稣显现,并给他们食物与炭火。最后,作者再次结尾:

> 为这些事作见证,并且记载这些事的,就是这门徒。我们也知道他的见证是真的。耶稣所行的事还有许多,若是一一的都写下来,我想,所写的书就是世界也容不下了。(21:24—25)

此时作者指向了自己——为这些事作见证的门徒,并再次表示:耶稣复活后所行的神迹还有很多。不同的是,第二次结尾强调了耶稣行动的无限性:他所行的神迹太多,多到如果都写下来,这本书会大到整个世界都容不下。换句话说,要书写这一"无限",对这"无限"做完全的见证是不可能的,要终结这一书写、给它一个结尾也是不可能的。

朗西埃解释道,耶稣行动的无限性和对其作见证的书写的无限性来源于"道/文字的漫游"。道化成肉身并不意味着道的完结,因为道(文字)与"肉身"(意义和指涉)之间并不是简单的相似关系、模仿关系。道不会被肉身所束缚,相反它会驱使肉身运动,直到道变成身体的行动。① 耶稣的多次显现、不断地行动就是道成肉身的继续或者说"道的漫游"。

---

① Jacques Rancière, *The Flesh of Words : The Politics of Writing*, p. 4.

《约翰福音》的双重结尾将"道成肉身"的单一宏大叙事最终转化为日常劳作的众多小故事,使得"道成肉身"在进入书写的见证(第一个结尾)之后,继续再由圣经书写进入现实世界(第二个结尾)。因此,可以说第一个结尾建立起了道成肉身的象征意义和逻辑关系,而第二个结尾则是通过日常叙事对这一象征和逻辑进行具体展示。第一个结尾是对一本书的完成,而第二个结尾则将这书转变为一种生活的力量,一个行动。① 也只有这样,这些文字才不仅见证了"道成了肉身",还说明了"道"最终"住在我们中间"。(约翰福音 1:14)

4. 文学的神学

文学"漫游"式的行动源自文学内部两种倾向的相互冲突。一方面文学时刻面临着一种诱惑:词与物之间的距离能够被消除,词语将不仅仅是词语,它们能变成物理的现实。但另一方面,文学又总是推迟和抗拒这一诱惑,发现自己唯一能依靠的只是自身。②

朗西埃从基督教神学的角度,将这两种倾向阐释为文学同时蕴含的两种神学。一种是道成肉身的神学(Incarnation),意义有了具体而实在的化身,另一种是倾空(Kenosis)的神学,对道成肉身的抗拒。③ 文学之所以是一种漫游的行动,就在于这一悖论:不停地想要道成肉身,同时又必须抗拒道成肉身,极力与一切想要攫住词语的"身体"保持距离。④ 这里的"身体",可以理解为一切具有一定意义结构的形式,包括有形的共同体(社会的身体),政治的架构,语言的单位(书写的身体),甚至地理结构(陆地和水的身体)。⑤ 换句话说,"身体"是被既定社会判定为合法,分配了"意义",允许被感知,以及具有"实在性"的形式。朗西埃这一对"身体"的崭新定义揭示了"身体"的建构性,即"身体"的"实在性"总是被建构起来的,包含着必不可少的"虚构",而且虚构与现实失去了明确的界限。

---

① Jacques Rancière, *The Flesh of Words: The Politics of Writing*, pp. 1—2.

② Jacques Rancière, "Aesthetics against Incarnation: An Interview by Anne Marie Oliver," *Critical Inquiry*, Vol. 35, No. 1 (Autumn 2008), p. 175.

③ Jacques Rancière, *The Flesh of Words: The Politics of Writing*, p. 72.

④ Ibid., p. 5.

⑤ Jacques Rancière, *The Politics of Aesthetics: The Distribution of the Sensible*, p. 104 n13.

词语寻求身体的支持,源于对在场和实在性的渴望,其背后的逻辑就是现实优于虚构、在场优于不在场。然而,朗西埃反过来从文学书写的角度重新解读了"道成肉身"的神学,颠覆了它可能包含的"现实"优于"虚构"的等级关系。

　　传统的圣经研究将福音书看作是对现实的真实再现,即见证就是记录而已,写下"真实"发生的一切。《圣经》的"现实主义"形式就是没有形式①,写下的完全是未被修饰的"事实"本身。然而,如果我们对照新约与旧约,从圣经文本的整体性或者说从《圣经》文本的经济学出发,就会发现福音书见证的事件早就被旧约提前预言了。② 比如,彼得的三次不认主,这是早被撒加利亚的预言决定好的:"我要击打牧人,羊就分散了。"(撒加利亚 13:7,马可福音 14:27)而彼得必须这么做才能实现这一预言。

　　朗西埃认为,圣经文本的"现实主义"与文学文本的"现实主义"一样,其力量的核心都在于塑造"形象"(figure)。旧约对新约的预表或者说预述,就是对将要到来之事物的预塑形,最终这些预先塑造的形象将通过圣言的成肉身转变为真理。这一切构成了圣经的形象经济(figural economy)。圣经文本以"现实主义"形式描述的"现实",实际都是由这一形象经济决定的,"现实"中所发生的事件也早被铭写在文本的经济中,铭写在文本与文本自身的关系中。③也就是说,"道成肉身"实际上首先是一个书写的事件,被书写创造出来的。④

　　难道朗西埃是要告诉我们,与传统看法相反,是文本先于现实?

　　他对文本与现实、虚构与真实之等级关系的颠覆,力图揭示的不是谁在先的问题,而是两者的不可区分和不断转化。而实现转化与越界的枢纽就是"书写",这里的"书写"指的不光是用笔在纸上留下痕迹,还包括用行动在历史上、在大地上留下痕迹。圣经文本与文学文本中的"形象"既不是为了装饰话语,也不是为了说明隐藏的真理,而是作为身体去召唤另一个身体。正如《约翰福音》的结尾,道成肉身本身就是一个书写的事件,它已经被旧约预书写了,但是它必须要耶稣的身体来证实它。接着又要有约翰和其他

① Jacques Rancière, *The Flesh of Words: The Politics of Writing*, p. 74.
②③ Ibid., p. 75.
④ Ibid., p. 76.

人的文本来证实这确实是那个道成肉身的身体。可是还不够,第二个结尾又要回到"现实世界",回到细小琐屑的日常身体来证实见证者的文本。这是无尽的书写,无尽的行动。

文本与身体通过书写行动而进行的无限"循环",很容易让我们联想起所谓理论与实践的辩证统一。但在这里,不存在辩证法的统一。朗西埃从释经学中总结出文本与身体,以及神学的道的身体与文学的虚构的身体之间的两种关系,或者说两种"道成肉身"的模式,两种行动的模式。而这两种模式之间并不是对立统一的关系。

第一种模式的范例是挪亚造方舟的故事。挪亚造方舟的行动也可以看作是一种预言,预言了未来的救赎,而预言就是一种书写。挪亚造方舟实际上包含了至少三重行动:圣书书写者的讲述行动,告诉我们挪亚的故事;挪亚的技术行动,打造方舟;这一故事本身的预言行动,挪亚方舟的故事在神圣历史的经济里是一个预塑形的行动。[1] 也就是说被书写的文本是一个行动着的身体,被制造的物体也是被书写的具有意义的文字。在这里文学的形象化与神学的象征化相耦合:书写隐藏在肉体的行动里[2],而意义化身在基督的肉身中。[3] 我们在上一章中已经详细阐发过这种文本与行动的关系。

另一种关系,则是书写对一切"光辉肉体"的解构[4],此时意义和身体从空空的墓穴中抽身而去。[5] 他举了两个例子来加以说明。其一是"十字架的愚拙"(Folly of the Cross),即保罗所说的"我们却是传钉十字架的基督,在犹太人为绊脚石,在外邦人为愚拙。"愚拙是因为毫无现实的意义和功利的目的,愚拙的典范是钉上十字架的耶稣,他牺牲了一个新的身体来使书写之身体的真理到来。[6]这是一种愚蠢的行动方式,是让苦难在身体上书写,让身体变成传

---

① Jacques Rancière, *The Flesh of Words*：*The Politics of Writing*, p. 81.

② Jacques Rancière, *The Politics of Aesthetics*：*The Distribution of the Sensible*, p. 60.

③ Jacques Rancière, *The Flesh of Words*：*The Politics of Writing*, p. 72.

④ Jacques Rancière, *The Politics of Aesthetics*：*The Distribution of the Sensible*, p. 60.

⑤ Jacques Rancière, *The Flesh of Words*：*The Politics of Writing*, p. 72.

⑥ Ibid., p. 84.

达神圣福音的文本。① 愚拙在于行动者放弃解释圣经文本的权力，甚至放弃自身，直接用行动证明文本的真理性。

另一个例子则是文学现代性的奠基者小说《堂吉诃德》。主人公与那些沙漠中的隐修士一样，都把自己的身体献祭给了"书的真理"（the truth of the book）。不同的是，堂吉诃德献身的不是圣书的真理，不是道的真理，而是虚构的真理（the truth of the fiction），即道成肉身的不可能性。而且在堂吉诃德的世界里，神圣性已经远去，只剩下堂吉诃德对神圣性的徒劳追求。②

堂吉诃德的疯狂不是因为他分辨不清现实与虚构的区别（事实恰恰相反），更不是如浪漫主义传统比如《疯狂的罗兰》（*Orlando Furioso*）中那样"因爱而疯狂"。他的疯狂只是出于对罗兰疯狂的摹仿，一种毫无现实理由的疯狂，纯粹是文学性的疯狂，或者不如说是"书的疯狂"（the madness of the book），他希望骑士小说因为他的行动而具有哪怕些许现实性。文学行动因为是一种摹仿行动而成为次要和寄生性的了吗？在这里，文学行动发生了奇妙的反转。

上文说过，虚构/小说一直构成着现实的一部分，虚构的现实性就在于几乎所有人都知道虚构与现实的界限。大家认可一个"虚构的时空"，在现实中它有它被清晰界定的位置，它是一种悬置惯例的惯例，这一惯例将虚构作为自己的世界，专门发出和接受"不守规矩"的陈述。③ 然而堂吉诃德的疯狂恰恰是对虚构的边界、惯例和体制的质疑与攻击：究竟是由谁来规定一本书是真实的还是虚假的？如果一本书是虚假的，那么什么书是真实的？对于惯例的悬置竟然也被招安和收编为一种惯例？堂吉诃德的疯狂是对疯狂的纯粹摹仿，抛弃了一切理由和一切意义，穿越了虚构和现实的界限。于是他打破了"现实"的招安，拒绝了"现实"虚伪的宽容。"现实"曾通过宽容收编疯狂，并以宽容占据了道德的制高点。文学行动的关键就在于拒绝将"虚构"封闭在一个所谓适宜的空间里。

文学行动还使写作者塞万提斯和人物堂吉诃德的地位发生了反转。写作者只有放弃现实行动的权利，才能把自身抛入写作的

---

① Jacques Rancière, *The Flesh of Words*：*The Politics of Writing*, p. 85.

② Ibid., p. 86.

③ Ibid., p. 89.

疯狂,跳入虚构的世界。然而虚构中的人物却反过来,以自身虚构的行动通过写作者的书写不断地攻击着现实。写作者无辜地说"我什么也没有做啊",却不知道自己在现实中的无为已经使自己沦为虚构人物的人质,并成就了文学虚构的"无不为"。

图 10　古斯塔夫·多雷(Gustave Doré),《堂吉诃德与桑丘上路了》(Don Quixote and Sancho Setting Out),1863 年。
法国巴黎,Collection Kharbine-Tapabor。

第三节　文学行动的迷途

图 11　布朗肖与列维纳斯合影，时间不详。

托多洛夫(Tzvetan Todorov，1939—)曾预言，布朗肖"已属于
过去的时代"。[1] 然而这位影响了包括列维纳斯、巴塔耶、德里达、
德勒兹和南希等许多法国知识分子和作家的"看不见的伙伴"[2]，今
天却在世界范围内受到越来越多的关注和讨论。"无名的布朗肖"
(Blanchot the Obscure)的确是一个容易引起误解和困惑的存在，
只是，当托多洛夫敏锐地觉察到布朗肖文学思想具有不可分割的
政治向度时，真的如他所述，布朗肖是个在不停质疑中消解了一切
价值，"用权力代替权利"的虚无主义者吗？而他的神秘主义气息
和陈旧的浪漫主义倾向，真的是在宣扬反动的"蒙昧主义"吗？[3]

今天，当萨特不再是"笼罩"法国人文思想的"阴影"，当他的介
入文学观渐渐褪色，当文学行动一词不再被人们视为有着萨特深
刻烙印的术语，并被直接等同于他的"介入文学"，我们可以平心静
气地提出布朗肖的文学行动观了。

---

① 托多洛夫：《批评的批评：教育小说》，王东亮、王晨阳译，北京：三联书店，2002
年，第 85 页。

② "看不见的伙伴"一语出自布朗肖的同名传记，参见 Christophe Bident, *Maurice
Blanchot*, *partenaire invisible*, Paris：Champ Vallon, 1998。

③ 托多洛夫：《批评的批评：教育小说》，第 66、68 页。

一、忠实于"上帝之死"

布朗肖深为托多洛夫诟病的"蒙昧主义",主要源于他人文思想当中作为重要参照的基督教神学,而这恰恰是造成他与萨特之间思想分歧的重要原因之一。作为一位无神论的思想家,他对于文学、哲学和政治伦理的思考,却一直存在一个"无神圣的神圣"(the sacred without sacred)①向度。从他对不可能性的强调,对不可知的敬畏再到对文学与神圣之间关联的论述都包含着他对基督教神学思想的借鉴与反思。有研究者指出,人文学与基督教神学在布朗肖思想中的相互介入与对话,或许能为破除人类"大写之我"(I)——单一的、完全自治的主体(unitary and autonomous)——与"上帝"(God)之间的同义,在"废弃、民族精神以及精神革命等等范畴之外,重新思考作为弥赛亚的耶稣"开创新的思路②,而这或许也会给中国学界提供一些有益的启发。③

可以说"上帝已死"是萨特与布朗肖思考的共同起点,但二者的思想走向却完全不同。萨特打出了人道主义的旗号("存在主义是一种人道主义"),思考的重心从上帝转向了人。对他"上帝已死"意味着"什么事情都将是允许的",人从此获得了一切自由,但也在同时变得无依无靠,必须承担起一切责任,因此选择和行动将是决定性的。"存在对人的实在来说,就是行动,而停止行动,就不再是存在"④,而文学也应该参与到行动中去,所以"小说也可以是一种行动"的 18 世纪是令人羡慕的。⑤

而对布朗肖来说,思考的立足点却并非世界,更不是作为世界中心的人。这当然有布朗肖的伦理考虑,那就是对传统人道主义,对一切以人和人的价值为中心和起点之思想的反思和批判。他关注的是诸神消失后留下的空缺和虚无,一种双重的缺席,即"诸神

---

① 这一表达出自布朗肖的研究者哈特(Kevin Hart, 1954—)。参见其研究专著 *The Dark Gaze: Maurice Blanchot and the Sacred*, Chicago and London: The University of Chicago Press, 2004, p. 11。

② Kevin Hart, *The Dark Gaze: Maurice Blanchot and the Sacred*, p. 230.

③ 中国进入现代社会之后,我们面对传统"天道"与"天命"在思想、话语与现实中的隐匿与不在场,这一困境是否可以类比西方"上帝死了"的现实?

④ 萨特:《存在与虚无》,陈宣良等译,北京:三联,2007 年,第 579 页。

⑤ 萨特:《什么是文学》,第 173 页。

不再在那里,他们还未在那里"。①

　　布朗肖并不和萨特对立,他只是很警觉地注意到,当人在世的行动和创造——创造自己并创造世界——成为最高标准时,当海德格尔宣称说甚至连死亡都是人不可能的可能性时,诸神的缺席变得更加深化了,成了缺席的缺席,即对于缺席的遗忘。此时人试图通过自己的创造行动占据因为诸神缺席而留下的位置。浪漫主义时期对天才和创造力的崇尚就透露出人的某种幻想:"如果他能承担起神最少神圣性的那个职能,他就能变成神圣的了。"②在这一狂妄幻想背后,我们可以看到西方哲学,黑格尔的历史进程,以及人的行动对于不可能性、所有不可知(the unknowledge)维度以及一切神圣维度的征服欲望。这一欲望闪现出现代理性的疯狂。

　　而忠诚于"上帝的缺席",就应该像哈姆雷特那样忠实于父王之死:他从未以父亲/上帝的名义说话,利用"父亲之死"这一机会来合法化自身的行动,拥立自己、填补空缺。他的犹豫,怀疑和疯狂正是对上帝缺席的呈现,与萨特的看法相反,他的一切行动都在呈现行动的不可能性。

　　布朗肖的批判是双向的,他既反对传统基督教神学,也反对人道主义。他敏锐地指出,在确信上帝存在或者将上帝理解为在场的信徒那里,潜藏着无神论。因为对上帝的确信、理解与谈论已经将上帝这一不可言说之名转化为一个概念,一个词典中的词语,甚至是"一个数学算符,"③"以符合我们的标准,用来安慰我们。"④这背后掩藏着一个笛卡尔式的"我",或者说人在上帝之名中思考、实现和异化自身,正如费尔巴哈所说"无神论是每一宗教的秘密"。⑤而人道主义的无神论,还是一种神学,因为它的核心"人",仍然以其至高的、先验的和作为绝对源头的"自我"(Self),保留了作为光和统一体的上帝,因此"人不过是上帝的假名,而上帝之死不过是为了在他的造物身上重生。"⑥

　　在这里,布朗肖发现了传统神学与无神论两种话语之间的同

　　① Maurice Blanchot, *The Space of Literature*, p. 246.

　　② Ibid., p. 219.

　　③ Maurice Blanchot, *The Infinite Conversation*, trans. Susan Hanson, Minneapolis and London: University of Minnesota Press, 1993, pp. 253—254.

　　④ Maurice Blanchot, *The Infinite Conversation*, p. 111.

　　⑤ Ibid., p. 457 n5.

　　⑥ Ibid., p. 248.

谋和相互确认,二者都通过作为光和知识的语言将"大他者"(the Other)束缚于同一(the Same)和"太一"(the One)的秩序之中。即便是那晦暗不明、不可言说的他者也成了一种被度量的晦暗不明,并"总是被归诸于一个更本源的光或者澄明"①,正如《庄子》中已经被凿了七窍的混沌。

所以,布朗肖对上帝之死的理解,与人道主义以及艾尔泰泽"上帝之死神学"都很不相同。他并不因反对二元对立(神学和无神)中的任何一个而走向另一个,因为他要破除的是二元对立的思路。其中关键性的差异就在于对死亡的不同理解上,也因此布朗肖就与一直迷恋于死亡的哲学传统(从柏拉图到海德格尔)拉开了距离。

二、死亡与空间

死亡的哲学含义在黑格尔的《精神现象学》中得到了充分的揭示。常识只看到死亡带来的毁灭和消失,却没有意识到死亡对于人来说还是一种建设性力量。我们在终结中得到确定性乃至意义,在否定中创造新事物,获得行动的可能,并通过否定活生生的事物本身而得到概念,使我们言说,并获得认知。"生命承受住了死亡并在死亡中保存自身"②,而我们的世界正是通过"死亡"(否定性)而被建构起来的人工世界。用布朗肖的话说,"死亡是人的可能性,他的机会……死亡是人最大的希望……唯一的希望。"③

但是,布朗肖指出,哲学回避了死亡的另一面,它不确定的、非终结性的作为不可能性的一面。这一面在主体力量之外,而无法再被称之为最本己的。这是失去了终结和否定的死亡(否定),即一种永无止尽的垂死(dying)。④它不再是人的一种可能性,也不再是建构世界的力量,而这恰恰是死亡超越于人并令人不安的一面。

当人死去,不仅丧失了世界、自我存在,还丧失了死亡,即不再是必死之人(immortal)和拥有否定的力量⑤,也就来到一个失去了

① Maurice Blanchot, *The Infinite Conversation*, p. 256.

② Georg Wilhelm Friedrich Hegel, *Phenomenology of Spirit*, trans. Miller, A. V., Motial Banarsidass, 1998, p. 19.

③ Maurice Blanchot, *The Station Hill Blanchot Reader: Fiction & Literary Essays*, p. 392.

④ Maurice Blanchot, *The Space of Literature*, p. 101.

⑤ Maurice Blanchot, *The Station Hill Blanchot Reader: Fiction & Literary Essays*, p. 392.

世界的所在。那里无法给予人庇护以及行动的目标①,这是一个失去了否定的无处(nowhere without no)。② 这一无处不是形而上学概念里一个固定的处所,而是永远无法完结的漫游和迷途。③ 那不是另一个世界,也不是彼岸世界,因为世界这个概念意味着它仍然是人的可能性之一,它是全部世界的他者,布朗肖管它叫做外部(outside)④或者"空间"(space)。

图 12 奥迪龙·雷东(Odilon Redon),《这些无限空间的永恒沉默让我害怕》
(Le silence eternel des ces espaces infinis m'effraie),1878 年。
法国阿维尼翁,小皇宫博物馆(Musée du Petit Palais)。

　　忠实于诸神的双重缺席,对布朗肖来说就是要考虑到世界之外那个不可能性的维度,那一失去了神圣的神圣维度。中文"空间"一词恰好是对法文原词"espace"的贴切翻译:它是不在场的——"空";它总是对自身的接近又是对自身的间隔(space),它总是在迷途(error)中而非在路上,因为路甚至是一条可以抵达某点的线,甚至有路与非路的区别,而迷途则完全是空间性的、游牧

　　① Maurice Blanchot, *The Station Hill Blanchot Reader:Fiction & Literary Essays*, p. 41.

　　② Ibid.,p. 159.

　　③ Ibid.,p. 77.

　　④ Ibid.,p. 83.

的——绝对的"间"(in-between)。这一空间体验才是布朗肖所理解的对上帝或诸神之不在场的体验。

它只是布朗肖推导出来的一种理论上的臆想吗？不。从死亡的经验说，当陀思妥耶夫斯基小说《群魔》中的人物基里洛夫试图以自杀来征服并非属于人的死亡，从而达到人之能力的最高点，变成新的上帝时，他实际上还是从死亡面前逃开了，因为他逃避了死亡的另一面——死亡不确定的、未知的、与己无关的那一面（布朗肖称之为死亡的匿名性），而他用决断、力量和行动在"现在"实现的属于他自己的死亡却仍然是生命的一部分，即一种在世界中运作并建构起世界的积极的否定性[①]；从空间的经验说，当人失眠时，就会发现黑夜不再是一个具有内部的，可以令我们隐藏和安眠的场所："有光的空间会被物体的物质性所消除"，而黑暗空间本身反而"是被充满的，黑暗直接接触到个体；包围他，穿透他，甚至通过了他"[②]——我们由黑夜的内部走向了它的外部，我们无法进入黑暗，也因为被黑暗浸透而无法逃离，同时我们感到个体在被空间所吞噬——"被空间同化必然伴随个体感和生命感的衰弱"[③]，这就是空间的体验，布朗肖所说的非人格化（impersonalization）。

三、文学与上帝之死

> 这里不再需要空谈哲理和徒劳地向旧世界提问；一种言语必须被发明出来，它知道如何倾听祛魅的世界：言说它【世界】，创造它，并说出它的奥秘。这种言语就是"文学"。[④]
>
> ——福舍（Michel Faucheux, 1957—　）

越来越多的当代西方人文学者（威廉斯、德里达、福柯、拉库-

---

① Maurice Blanchot, *The Station Hill Blanchot Reader*：*Fiction & Literary Essays*, pp. 100—105.

② Roger Caillois, "Mimicry and Legendary Psychasthenia," trans. John Shepley, in *October*, Vol. 31 (Winter, 1984)：30.

③ Caillois, Roger, "Mimicry and Legendary Psychasthenia," p. 30.

④ Michel Faucheux, "Literature and Disenchantment," trans. R. Scott Walker, in *Diogenes* 148 (1989)：48. 中文译文参见《文学与丧失魔力的世界》，载陆象淦主编：《死的世界，活的人心》，北京：社会科学文献出版社，第126页。

拉巴特、南希、朗西埃、福舍……等等①)提醒我们注意文学的历史性,即"文学"这一术语,这一将诗歌、小说、戏剧……等诸多文类放在一块儿加以谈论的类别,并非从古至今一直都有的(拉库-拉巴特与南希)②,它是一个"相当晚近的发明"(德里达)③。这一对文学历史性的自觉,是对形而上学文学观的否定,即不认为文学有传统所谓亘古不变的本质——无论是固定的内在属性还是外在规定性。这一看法为当代著名的文学的批评者美国分析哲学家塞尔(John Searle),以及著名的文学支持者法国马克思主义哲学家朗西埃所共享。④

虽然文学诞生的具体时间无法确定,但是这些学者的共识是,文学产生于文艺复兴以来的现代⑤,与现代性有密切关联⑥,而且文学的诞生"标示出社会、文化史的一项重大变化","也许也标示出

---

① 雷蒙·威廉斯:《关键词:文化与社会的词汇》,刘建基译,北京:三联书店,2005年,第 271－272 页。Michel Foucault, *The Order of Things*, London: Routledge, 2002, pp. 46－49. Jacques Rancière, "The Politics of Literature," in *Substance* 33. 1 (2004): pp. 10－11. Michel Faucheux, "Literature and Disenchantment," pp. 44－45.

② Lacoue Labarthe & Jean-Luc. Nancy, *The Literary Absolute: Theory of Literature in German Romanticism*, trans. Philip Barnard & Cheryl Lester, Albany: SUNY, 1988, p. 11.

③ Jacques Derrida, *Acts of Literature*, ed. Derek Attridge, New York: Routledge, 1992, p. 40.

④ 朗西埃:《政治的边缘》,姜宇辉译,上海:上海译文出版社,2007 年,第 90－94 页。

⑤ 在写作实践上,福柯认为《堂吉诃德》(1605)是第一部现代文学作品,参见 *The Order of Things*, p. 54;在批评理论上,拉库拉巴特和南希认为"文学"观念产生于 18 世纪末到 19 世纪初的德国浪漫主义,参见 *The Literary Absolute: Theory of Literature in German Romanticism*, p. 11;威廉斯从词义演变的角度,认为 literature 一词从文艺复兴到 19 世纪后才逐渐限定为具有想象力的书写——即文学,取代了古典概念"诗"(poetry)而获得普遍使用,但是直到现在它的意涵仍然无法明确下来,参见雷蒙·威廉斯:《关键词:文化与社会的词汇》,第 272－273 页;朗西埃也认为将书写的艺术总称为文学大约发生于 19 世纪初,参见 Jacques Rancière, *The Politics of Literature*, p. 10。

⑥ 那么这是否意味着产生于现代之前的古典作品,比如《伊利亚特》或《俄狄浦斯王》,就不是文学作品? 既不能说是也不能说不是,不仅因为这是一个历史错乱的问题——就好像问卡夫卡是不是捷克人一样,更因为文学在本文看来,是一种历史性的建制(institution)——如德里达所言,一种行动,一种以言行事的方式——如朗西埃所言。只能说在当时《伊利亚特》是作为史诗、而《俄狄浦斯王》是作为悲剧来以言行事的(to do things with words),但这并不妨碍今天我们以文学的方式参与它们,比如——最简单地说,阅读它们的书写文本,或者可以说"文学化"它们。这或许也是为什么,有些学者比如福柯,为了与古典文类下的作品相区分,特别称产生于文学建制下的作品为现代文学作品。

一个重要的政治发展"。①

　　这一重大变化表现为，文学带来了一种"奇怪的建制"，"它允许我们以一切以及任何方式，讲述一切以及任何事情，……文学的空间不仅是一个被专门设置用来虚构的空间，它还是一种虚构的建制……让我们在法则能够发号施令的一切领域里获得自由。【所以】文学的法则原则上倾向于反抗或解除法则。"②因此，文学召唤一种最为开放的民主，一个"将要到来的民主。"③对于文学与民主的关联，朗西埃更明确地提出，文学对应于一种新的以言行事的方式，它取消了古典诗学里文类、人物与主题素材中的等级制——比如悲剧只能模仿高贵者的行动，取消了风格与主题之间的合适性原则，比如福楼拜能够在《包法利夫人》里以纯诗般的散文描绘庸俗、混乱的农展会。所以，文学的民主在于它致力于扰乱存在方式、言说方式与行动方式之间稳定的等级关系。④

　　这一变化，福柯认为，源于词与物之间关系的转变。在 16 世纪末以前的西方，词与物是相似（resemblance）的关系，即万物的身上留有上帝的可见标记，像词一样等待我们倾听和破译⑤，而词也是上帝的创造物，是世界的一部分，应该被当做自然中的一个物来研究⑥——特别是《圣经》和传统为我们保留下来的词，因此词与物"能够无限地相互缠绕，并为那些能够解读它的人形成一个巨大的单一文本。"⑦一切都在言说上帝之道，或者说那时上帝还在对人说话。⑧ 但是在 16 世纪末之后，词与物之间相似的镜子破碎了，彼此开始分离，"物除了是它们自身以外，什么都不是了；词独自漫游，却没有内容，没有相似性可以填充它们的空洞；词也不再是物的记号，它们沉睡在书页与灰尘之中。"⑨

　　因为世界进入了"上帝或诸神沉默的时代"，也就是尼采所说的"上帝之死"后的现代。从人与神圣的关系来说，这一"世俗化"

---

　　①　雷蒙·威廉斯：《关键词：文化与社会的词汇》，第 271－272 页。

　　②　Jacques Derrida, *Acts of Literature*, p. 36.

　　③　Ibid. , pp. 37－38.

　　④　Jacques Rancière, *The Politics of Literature*, pp. 13－14.

　　⑤　Michel Foucault, *The Order of Things*, p. 37.

　　⑥　Ibid. , pp. 38－39.

　　⑦　Ibid. , p. 38.

　　⑧　Michel Faucheux, "Literature and Disenchantment," p. 43.

　　⑨　Michel Foucault, *The Order of Things*, p. 53.

(secularization)可以被描述为"世界的祛魅"(disenchantment of the world)(韦伯),"上帝的被蚀"(eclipse of God)(马丁·布伯),"去神圣化"(dedivinization)和"诸神的逃遁"(flight of the Gods)(海德格尔),再或者"上帝之死"(death of God)(尼采)。[1] 于是世界沉默了,"我们不再拥有那个首要的,那个绝对原初的言语【圣言】,在过去话语的无限运动就建立在这一言语之上,并受制于这一言语;而从此以后,语言的生长将不再有开端,不再有终结,不再有许诺。"[2]或许正因此,曾经代神说话的诗及其他彼此独立的文类——各种话语书写方式,不仅彼此间不再存在稳定的等级关系——根据与圣言的远近,还一块儿失去了存在的合法性,因为它们现在都成了失去父亲照看的孤儿——像柏拉图曾经担心的那样。文学,它包括了处于孤儿漫游状态的各种书写文类,就诞生在此时——当它成为一个问题,当它开始徒劳地寻找自己的源头。

福柯提出,出版于1605年的《堂吉诃德》是第一部现代文学作品,因为这部小说通过"堂吉诃德在词与物之间的独自漫游闲荡"[3]向我们展示了词与物之间亲密关系的破碎,从此词语就"进入一种孤独的独立自主,但它又会从这一状态中重新浮现,以分离的状态,仅仅作为文学"[4]。

在《文学空间》一书中,布朗肖也谈到了文学的诞生与上帝之死之间的关联。

"什么是文学?"当布朗肖接过萨特的问题时,他关注的不是如何回答它,而是反问这一问题是如何以及为什么会成为问题的。他指出,当文学成为一个疑问,并开始探寻自身的来源与合法性时,文学就产生了,或者说它产生于失去起源和支持而成为问题的那一刻,而这一问题是独属于现代性与现代人的。

不同于萨特——后者从作者与读者(他眼中文学的主体)在世界上的关系变化考察文学的历史演变[5],布朗肖则从文学与神圣之间关系的角度,即一种非人类的、非在场(但又非形而上学)的维度,考察文学艺术的历时性变化。在他看来,把文学完全局限于人

① Rémi Brague, "The Impotence of the Word: The God Who Has Said It All," in *Diogenes* 170 (1995): 44.

② Michel Foucault, *The Order of Things*, p. 49.

③ Ibid., p. 53.

④ Ibid.

⑤ 参见萨特:《什么是文学》,第143—211页。

类活动所构建起的世界这一范畴内探讨是可疑的。

因为，继承了人文主义遗产的我们几乎忘记了，在启蒙"祛魅"之前的古典时期，文学的前身诗歌其合法性在于它"是神的语言"①，用柏拉图的话说，诗歌是代神说话的。② 他提醒我们注意，神的权柄并非来自或属于人的世界，而且神圣的维度不仅在世界之外，而且也在时间之外，因为"（神之权柄的）统治在时间之外"。因此"神不会根据艺术在时间上的效果来判断艺术的价值"，尽管当时艺术也会服务于政治，但那时的政治由于神圣维度的存在，故而并不止服务于人类构建世界的活动和人类在世的行动。③ 这样就造成一个重要结果：艺术有可能在世界上保留一份自己的天地，它能够对人类投身历史的现实行动保持间接的和消极的立场。

诗歌与神圣之间的纠结造成了作品的两面性。在古典时代，"真正说话的是神，通过诗人，我们能够清晰地聆听神的话语"④，诗歌自身却是不可见的，"诗歌在它所言说的神圣面前被抹去了，"⑤这样诗歌就具有一种非世界性，即不显现于世。

但是从另一方面说，诗歌将神圣命名为人言所不可命名的，在这一不可言说的沉默中诗歌言说着那不可言说的，即诗歌用掩盖和隐匿神圣来揭示神圣，即只能用来自黑暗的光揭示神圣。由于神圣在人类世界的不可言说和无言性，神实际上在诗歌中是沉默的，从而诗歌在保持自身隐匿的同时又作为诗歌言说了，即作为艺术作品在世界上展现了自身。"作品因此既在神的深层在场中隐藏，又通过神圣的缺席和晦暗不明而变得可见。"⑥这样文学就具有世界性和非世界性的双重性。

直到现代性的到来，"上帝之死"，诸神隐匿，艺术成了"上帝缺席"后的空无言说。随着君主的被砍头或者被废除，天上的与地上的"超验所指"都被解构，神圣播撒为民主制下权力的平等分配。于是文学成了一个面目不清、不被任何理论体系招安的非法的幽

第
四
章
文
学
行
动
——
越
界
性

---

① Maurice Blanchot, *The Space of Literature*, p. 230.

② 柏拉图：《伊安篇》，王晓朝译，参见《柏拉图全集》第一卷，北京：人民出版社，2002 年第 1 版，第 305 页。

③ Maurice Blanchot, *The Space of Literature*, p. 213.

④ 参见柏拉图：《伊安篇》534D，王晓朝译，《柏拉图全集》第二卷，北京：人民出版社，2002 年，第 305 页。

⑤ Maurice Blanchot, *The Space of Literature*, p. 230.

⑥ Ibid.

灵,一个疑问,而疑问就是它的起源和出身。因此,文学的产生以及现代民主制的产生与"上帝之死"有着内在的紧密关联。

在启蒙后的人道主义框架下,文学似乎面临两种对立的选择,是"为艺术而艺术"还是"为世界而艺术"? 前者追求一种无功用的纯粹艺术,它至高无上的标准是康德所说的美与自由;后者追求的是影响世界、投身黑格尔的历史进程,一种有效的事业。有人管前者叫做浪漫主义,后者叫做现实主义,还有人(萨特)将二者看做是诗歌与散文之间的差别。

而在布朗肖看来,这两者都不过是人道主义的一体两面,现代性中的双向"交换游戏","一方面是变得越来越纯粹的主观的内部存在,另一方面是越来越积极的对于世界的客观征服"。① 从贵族式的"为艺术而艺术"到实践家式的"为世界而艺术"的距离并不远:拒绝服从一切外在价值,主体的"自我变得越来越深入,越来越不满足,越来越空虚",结果"人类对外扩张的意志就越有力,而这一意志已经在内心深处将世界作为一套可以被生产和注定有用的物体的集合而提出来了。"无论是无用的骄傲的主体激情,还是有用的建构和改造世界,文学彰显的都是新的造物主——主体,他的可能性、他的力量。布朗肖以及一些神学家都指出人道主义是现代性的宗教,人类学则是这一宗教的神学话语。② 诸神已逝,甚至连消逝本身也被遗忘,人试图将文学作为一种自我认可和自我实现的手段,艺术成了对于人的自我,而非对于不可见之神的呈现。对此,布朗肖指出,不管主张谁摹仿谁,谁为了谁,艺术都已将世界作为它的参照,或颠倒或顺应,都是现实世界以及主体人对自身的再次确认。③

然而就在文学将要脱离神圣融入并消失在人类的实践活动中时,它却因自身的无用与无力而显得多余和格格不入。也就是当荷尔德林在 1799 年表示,一旦有需要,他会毫不迟疑地弃笔从戎之时④;就是当萨特依然谨慎地称介入文学是"某种次要的行动方式"⑤,并在 17 年后意识到"我长期把我的笔当做剑,现在我认识到

---

① Maurice Blanchot, *The Space of Literature*, p. 215.

② Thomas J. J. Altizer, etc., *Deconstruction and Theology*, New York: Crossroad, 1982, p. 25.

③ Ibid., p. 217.

④ Maurice Blanchot, *The Space of Literature*, p. 213.

⑤ 参见萨特:《什么是文学》,第 107 页。

我们无能为力"之时①；就是当文学在实践活动中发现了自己的孱弱和微不足道，不停追问"文学有什么用"的时候。

多余，一种消极和被动的独立。

四、迷途、图像与文学空间

文学现在变成了彻底"迷途的文字"②，正像上帝之死后迷途的道。

此时柏拉图对书写文字的批评之一：失去了"父亲"（作者）的看护，"到处流传"③，不幸在文学身上得以应验。艺术曾经与神圣结盟，并在这一结盟中找到了它所需要的立足之地和距离。④ 然而在诸神双重缺席的现代社会里，世界在人类理性的烛照下丧失了任何晦暗，文学像幽灵般一遍遍寻找它曾得以栖身的黑暗源头，而对源头的探寻恰恰成了文学诞生的源头。文学是一个孤儿。

不过，在布朗肖看来，这一"迷途"（error）却未必是文学的不幸与罪过。文学通过迷途忠实了这个迷途的时代，这个因诸神隐退而丧失了"在场的保证和真实现在之条件"的时代。⑤ 不仅如此，迷途正是文学的力量所在——为什么？ 布朗肖不断重复荷尔德林的话"迷途有助于我们"（error helps us）究竟意义何在？⑥ 让我们来看看布朗肖对文学空间体验的共时性分析。

柏拉图对文字的批评之二：像图画一样保持沉默，在布朗肖的分析中再次被他反转了。

他认为，以诗歌为代表的文学语言，的确就是一种图像。并非传统所说文学包含意象和图像，也并非指语言如图画般是对外部世界的再现与描绘，而是说文学语言的整体是语言自身的图像，文学语言与日常语言的关系就像图像与物之间的关系。这一图像性的语言源于日常语言指涉现实、对现实施事这些功能的缺席，正如

① 参见萨特：《文字生涯》，沈志明译，沈志明、艾珉主编：《萨特文集》第 1 卷，北京：人民文学出版社，2005 年，第 565 页。

② Maurice Blanchot, *The Space of Literature*, p.51.

③ 参见柏拉图：《斐德罗篇》275D－E；同时参考 J. Derrida, "Plato's Pharmacy," in *Dissemination*, trans. Barbara Johnson London & NY：Continuum，2004，pp. 80－89.

④ Maurice Blanchot, *The Space of Literature*, p.233.

⑤ Ibid. , p.246.

⑥ Ibid. , pp.245，246.

图像来自于现实物的缺席。[①]

那么这是否意味着文学语言是对现实日常语言的摹仿与从属？甚至是对现实的摹仿的摹仿，影子的影子？正如传统所认为图像是对物的摹仿与从属？

日常经验里，图像似乎是对物体的摹本，使物体在缺席时仍然可以供我们了解和享用，甚至是得以更好地把握与控制，使它服务于这个世界、服务于人类的否定性行动。

奇怪的是，"我们对原物没有兴趣，而绘画却因为与物相似而让人们痴迷，可是绘画是多么空虚啊！"[②]当物变成图像，变成自身的不在场，我们痛苦地发现，要想对物加以把握和随意处置，代价就是它必须变得无法把握，变成非真实，变成不可能之物。事实上，变成图像的物不是"在远处的物"，而是终于显露出与我们之间具有本真距离的物。[③] 只是在此时，当被中断了在世界上的意义和使用价值，我们才意识到这些原本所谓的"上手之物"（ready-to-hand）本身就包含的与我们的距离，它的"非人格性（impersonal），它的遥远和不可触及"[④]——它的神秘。所以说不是图像摹仿物，而是图像比物更相似于物本身，非真实（Nonreal）和非真理（Nontrue）似乎比真实和真理还要本真。[⑤]

布朗肖意味深长地将"神就照着自己的形象（image）造人"（创1:26）一语创造性挪用为"人根据自己的图像而被创造"[⑥]，从而将上帝不可触及、陌生与神秘的神圣维度引入了非神圣的神圣者——他人的身上，"上帝出现在他人身上"[⑦]；而他将文学语言看作图像这一观念背后的伦理意义就渐渐凸现出来。

文学语言，正如原本熟悉却在长久凝视之后突然变得全然陌生的字，它丧失了作为语言的所有原有之义，完全转变为图像，它是对"语言消失了"的显现；在这一化为图像的语言带领下，我们来到一个文学的空间，这是一个丧失了意义和价值的空间，不是拒绝

---

① Maurice Blanchot, *The Space of Literature*, p. 34.

② Ibid. , p. 261.

③ Ibid. , pp. 255—256.

④ Ibid. , p. 257.

⑤ See Maurice Blanchot, *The Space of Literature*, p. 247；Levinas, Emmanuel, *Proper Names*, trans. Michael B. Smith, London：The Athlone Press, 1996, p. 135.

⑥ Maurice Blanchot, *The Space of Literature*, p. 260.

⑦ Kevin Hart, p. 11.

和反对意义与价值,而是还没有建构起或者是已经丧失了意义和价值,因此它并非是否定性的(或者说是极端否定性的乃至抛弃了否定性本身)而是中性的(neutral)空间。它是先于世界和后于世界的——是在世界产生之前或者没有了世界的列维纳斯所说的"无世界的存在"状态。①

文学空间是对在场形而上学—神学的解构,它是真实、真理和在场之外的空间,只剩下图像与幽灵出没其中,而它们是对缺席、对消失的呈现,是将要到来或者已经消失之物的分身。在悲剧《哈姆雷特》中幽灵向哈姆雷特宣告的不是"我是你父亲",而是"我是你父亲的鬼魂"——"我"(幽灵)是对上帝/父亲之死的呈现。

文学空间是从世界的退出,并因此具有一种特殊的时间性:没有在场(presence)也就没有了现在(present),而只有"永恒复归"(eternal return),它是夜幕降临之前的那一瞬,也是曙光初露之前的一瞬,于是文学既是解构也是召唤和礼赞——新的开始,反复开始。② 不过,这种永恒复归不是对已发生事件的重复,即对同一(the Same)的重复,而是对差异和"多"的重复,因此文学空间也是延异的空间。

五、文学的弱行动

1. 比革命更激进

布朗肖所阐发的文学的空间性和外部性,使我们得以将文学与"强"意义上的现实实践区分开来,把文学看做一种别样的独特行动。如果我们接过传统实践家、行动者以及哲学家、思想者对它的怀疑和指责("次要的"、"程度甚轻的"),那么完全可以把它称为一种"弱行动"。

在布朗肖看来,文学并不是非政治的。这并非如某些人主张的,抱一种看来客观超然的立场反对介入,用朗西埃的话说,文学本身就具有自己的政治,而不是介入到政治中去的问题,"政治会有它的美学,美学也有自己的政治",二者会有交叉却无对应关

---

① See Emmanuel Levinas, *Existence and Existents*, trans. Alphonso Lingis, The Hague: Martinus Nijhoff, 1978, pp. 52—64.

② Maurice Blanchot, *The Space of Literature*, pp. 30—31.

系。① 用布朗肖自己的话说，"当文学努力想忘记自身的微不足道性，而使自己郑重地介入到政治或社会行动中时，这一介入结果证明又会是一次不介入。这一行动变成了文学。"② 为什么文学的介入最终反而是一种不介入？

因为"这一切不过是文学"吗？因为在现实中"宣传海报、新闻报道和科学论文能够比诗歌更好地服务于历史"吗？③

事实上，受到黑格尔与科耶夫启发的布朗肖，从否定性（negativity）概念出发，认为革命行动（特别是法国大革命）与文学行动在各个方面都很相似。

首先，二者都是一场否定性的运动。参与文学行动的写作者和阅读者，如革命者一样追求的是绝对的自由，一切现实事物，以及既定的法则、国家、信仰、彼岸的和过去的世界都将遭到质疑，一切现实价值体系和象征秩序都被否定性悬置起来④，文学行动与革命行动正是以虚无为起点开始建构一切的。

其次，二者都把事件（event）当作至高的绝对者（the absolute），而非形而上学认定的某个静态始基，追求的都是事件本身而非事件之外的目的，因此"把每一事件都看作是绝对的"而非派生的。

再次，二者都是一种开始的力量，表现为一种奇迹，"革命行动与通过写下一行行文字来改变世界的写作者一样，以同样的力量和随意性爆发出来"。

最后，二者都要求"这样一种纯粹性和确定性——它们所做的一切都具有绝对的价值，"即文学与革命行动自身不是手段而是终极目标，因此可称为"最后的行动"，也就意味着它们追求绝对的自由与无限的否定性。⑤

然而文学行动比革命行动更激进。一方面从否定的范围上

① Jacques Rancière, "The Politics of Literature," p.18; *The Politics of Aesthetics*, pp. 61—62.

② Maurice Blanchot, *The Work of Fire*, pp. 25—26.

③ Levinas, Emmanuel, *Proper Names*, p. 129.

④ 布朗肖多次谈到文学对一切的质疑，"文学也许本质上（我并不是说它是独一的和明显的）是一种论争和质疑的力量：对既定力量的质疑，对既定存在的质疑，对语言以及文学语言形式的质疑，最终是对自身作为一种权力的质疑。"See *Friendship*, trans. Elizabeth Rottenberg, Stanford: Stanford University, 1997, p. 67.

⑤ Maurice Blanchot, "Literature and the Right to Death," in *The Work of Fire*, pp. 318—319.

说，文学行动者（书写者或阅读者）不同于现实行动者，他处理的不是具体的有限现实事物，而是一切，整个现实世界。因此他无法像使用一句标语和命令那样否定某个具体事物，他只能否定一切，代之以一个虚构的空间——文学空间，哪怕最"现实主义"的文学建构的也只能是拟似的现实。在文学空间里，想象的一切通过虚构瞬间就能被创造出来，行动者也立刻获得绝对的自由，但这一绝对自由因无法面对具体有限的边界而成为空洞的自由。① 这既是文学的力量所在，也是它的孱弱之处，使得文学行动成为一种无力的行动，而文学行动者则经常被指责为虚无主义者。

另一方面，从否定的程度上说，文学行动是一种将否定贯彻到底的激进行动，即它还将否定自身。因为文学语言不安地意识到，它言说的力量来源于否定，来源于死亡。语词带给我们他者的意义，却在同时否定了他者具体的、活生生的独一性（singularity）。所以文学语言力图拒绝语言自身包含的暴力，恢复事物在被命名和言说时被毁坏了的"未知、自由而又沉默的存在"。② 这样文学语言的另一面就成了对否定的否定，并致力于以言不行事、以言说保持沉默。

正是这一彻底的激进性，使文学行动对世界的介入最终成为一种不介入③，使它成为一种不行动的行动，一种弱行动。

2. 弱行动

这就是布朗肖所说的文学语言之两面性所造成的结果。④ 它来自于死亡的两面性：一方面语言通过作为终结的死亡，否定存在者的实存得到意义，得以建构、把握和理解世界，它是使语言成为虚无，成为否定，成为一种行动，取得功效的一面；另一方面是永远失去了终结的垂死（dying），它是否定了意义的语言，是意义转变为物的语言，是语言对自身包含死亡暴力的警觉，在这里我们遭遇的是语言的无力（powerlessness），它的惰性，它的非功效性（法语原

---

① "书写者只拥有无限，而缺乏的是有限，边界逃离了他。但我们在无限中无法行动，我们在没有边界中无法实现任何事情。"参见 Maurice Blanchot, "Literature and the Right to Death," in *The Work of Fire*, pp. 316—318.

② Maurice Blanchot, "Literature and the Right to Death," in *The Station Hill Blanchot Reader: Fiction & Literary Essays*, p. 386.

③ Maurice Blanchot, *The Work of Fire*, pp. 25—26.

④ Ibid., p. 330.

文 déoeuvrement,英译为 idleness,inertia 或 worklessness)。这是并非辩证统一的两面,也是无法分解的两面,它是相互羁绊争斗、永无宁静,且一赢即输的两面。这使得文学总是一个悖论,一个真实的谎言,使得哪怕是所谓行动文学的"强力语言也总是被一个它所无法控制的无力的沉默所萦绕"。①

弱行动之"弱"并非是辩证法里那个与"强"对立的"弱",它的关键是要颠覆和解构将"强"置于优势地位的形而上学二元对立等级体系,以及形而上学带来的暴力。同样地,弱行动的无为与消极(passivity)也不是行动与积极的对立面,而是耐心(patience)与激情(passion)所体现的消极。比如"坠入爱河"这一说法所展现的:爱的激情绝不是一个靠意志力做出的有意的决定,恰恰相反,它是对意志的拒绝,对自我的放弃。

然而拒绝与放弃也是不准确的,因为其中仍然包含着一种决断,还带有否定和力量。破除形而上学暴力的弱行动,用布朗肖提供的例子说,应该如小说《公证人巴特比》同名主人公在口头禅"我更愿意不……"(I would prefer not to...)中所表现出的,是一种永远无法决定的放弃,具有"无限的耐心",且"没有任何辩证法的介入可以把握这样的消极性。"②

从行动者的角度说,这并不是简单地对主体的弱化,即抑制过于张扬的自我中心主义,或者主体对自我以及一切力量的弃绝。这些都还是否定,都不过是"自我的诡计:牺牲经验的自我为了更好地保留超验的或者形式的自我"。③ 确切地说,弱之本源在于要宣布、迎接而非实现(实现必然包含否定)没有任何主体的主体性(subjectivity without any subject)④,从第一人称的主体"我"过渡到中性的、无人称的"他"(impersonal He)。这一"他"决不是经客观化伪装后的"我",而是没有任何特征的"某人",失去了否定的无人(none without no)。

而通达弱行动的关键在于激情。只是这一激情绝非在浪漫主义陈词滥调里描述的主体在至高主权(sovereignty)状态下的暴虐

---

① Ian MacLachlan, "Engaging Writing: Commitment and Responsibility from Heidegger to Derrida," p. 120.

② Maurice Blanchot, *The Writing of the Disaster*, trans. Ann Smock, Lincoln & London: University of Nebraska, 1995, p. 17.

③ Ibid. , p. 12.

④ Ibid. , p. 30.

情绪,富于强力和决断,比如拜伦式的英雄。相反,它是向他者敞开时的被动状态,极端的被动性,是遭受(suffering),是与一切力量相分离的弱,以及毫无决断的耐心(patient)。

在这里文学与神学产生了共鸣。文学行动的激情应该从耶稣在十字架上受难(passion)这一事件的角度去理解,激情不简单地是经受,而是"完全被动"(passive)中的'pas'。① 布朗肖创造性地将法语中"Pas"的双义"不"与"步"解释为既包含着否定,也意味着被动是个行动而非状态。② 即受难的极端否定性将主体我(I)从自我(myself)中剥夺,剩下的是一个"没有了自我的纯粹他异性(alterity),没有统一体的他者"。这一他异性不在任何视觉与知识的范围内,或者说在形而上学之外。而同时,将主体"我"从我自身分离或者抹除的既不是"我"也不是他者或者上帝,而是"剥夺"或垂死这一永无止境的行动。③

而"这一放弃是在我们身上真正的上帝",是上帝身上最神圣的地方。④ 受到犹太教思想启发的布朗肖将犹太—基督教传统中的另一核心事件创世(Creation),看作与受难一样,都源于上帝的隐退(withdrawal)而非扩张。即上帝的创世不是从无到有,而是相反。因为上帝原本就是无限的存在(Infinite Being),为创生世界,他必须通过停止成为整体,通过抹除和牺牲自己而为被造物腾出空间。最终上帝在世界中的缺席正是他使我们存在和关爱我们的方式。⑤ 现在我们对自身的抹除、隐退正是对世界的解—创造,这不仅是在我们身上发现上帝,更是重新获得一切、重返上帝的方式。

可是,这一虚弱的丧失了言说"我"的匿名状态是如何发生的呢?

3. 书写行动的破碎与迷醉

如果说在艾布拉姆斯(M. H. Abrams,1912—)对文学的理解框架("文学四要素"——世界、作品、艺术家与欣赏者)背后隐藏着一个辩证统一的整体的话,那么布朗肖眼中的文学则更像黑洞的

---

① Maurice Blanchot, *The Writing of the Disaster*, p. 3.

② Ibid., pp. 14—18.

③ Maurice Blanchot, *The Infinite Conversation*, p. 115.

④ Ibid., p. 117.

⑤ Ibid.

奇点(在那里,物质密度无穷大、引力无穷大,而所占空间却无限小,所有已知的物理规律统统崩溃)——一个极端悖论的存在,一个无法被辩证法整合的保持着未知维度的存在,一个存在又不存在的点。

"文学由不同的阶段组成,各阶段彼此相异,又彼此对立。"①布朗肖与艾布拉姆斯建立在传统形而上学的整体观之上的文学观念完全不同,后者的模式下各要素有序而有机的相互协调,循环往复、连续变化,文学主体(作者与读者)最终都融入世界的历史活动与进程之中——一切皆在我们的理解力掌控下;而在布朗肖看来,甚至传统所说的文学主体之一写作者,"不仅是在同一名义下的几个人,而且其自身中的每一阶段都否定其他的阶段,每一阶段都要求一切只为自己,不能容忍任何和解与妥协。写作者必须同时立刻回应几个绝对的和几个绝对不同的命令,他的道德就由不可替代的、彼此敌对的规则之间的冲突和对立组成。"②其实,"写作者……不过是将这些(在写作者名下的不同)阶段拉到一块儿、联合起来的那个行动。"③布朗肖文学观中的写作"主体"已经由整一变成了多重(multiplicity)和复数(plurality)性的——一种断片化的(fragmentary)无任何主体的主体性,而只有这样才有可能倾听到文学/书写本身既有的他者的多重言说(a plural speech)④。这也正是进入文学空间的书写者丧失了言说"我"的原因之一。

布朗肖的视角与传统文学观的另一重大差异,在于他将文学作品的产生看做是一个事件,一种带着暴力的突然开始。它是对既定现状的断裂和否定,产生了一种既有可能性之外的不可能。"只有当'存在'这个词被宣布时——通过作品并凭借作品所特有的开端的暴力,作品才存在。这一事件就发生在当作品变成写作者与阅读者之间的亲密关系时。"⑤

在这一对文学作品的类似循环定义的描述中,我们可以觉察出与传统基督教线性时间很不同的永恒复归的时间性——作品不是只说一次开始,而是总在说开始。⑥ 由于在文学空间里没有现在

136

---

① Maurice Blanchot, *The Work of Fire*, p. 311.

② Ibid., p. 312.

③ Ibid., p. 311.

④ Maurice Blanchot, *The Infinite Conversation*, p. 80.

⑤ Maurice Blanchot, *The Space of Literature*, pp. 22—23.

⑥ Ibid., p. 228.

和在场,这种永恒复归就不是对同一(the Same)的重复,而是对差异的重复,对多的重复——"作品最坚定的要求就是给予'开始'这一词语它所有的力量"。

20世纪另一个强调"开始"和"诞生"的思想者阿伦特(Arendt,Hannah,1906—1975),却把文学作品的创造看作是一种制作,布朗肖认为这正是文学的吊诡之处。因为在作品产生这一事件中,存在着反转性的文学行动。

起初书写者以为一切皆在自己的控制之内,此时转变为图画的语言得以使我们控制一切事物,同时也造成了我们与物本身(实存)的距离,或者倒不如说距离使我们得以主导一切——"距离,分离的决断,以及拒绝接触、避免混淆的力量使观看成为可能"。① 然而当观看变成凝视时,逆转发生了——观看的方式转变成了一种触摸的方式,眼中所见仿佛紧紧抓住了目光——"凝视的目光被一种不运动的运动,一个没有深度的深处所吸收。"② 布朗肖管这种状态,这种对于图像的激情(passion),这种面对图像的被动性(passivity)称为"迷醉"(fascination)。

"使我们迷醉的东西也剥夺了我们赋予意义的力量",此时"曾经使观看成为可能的距离,现在在凝视的核心却汇聚成为一种不可能"——距离不再可能,观看也不再可能。曾经给主体和主体的目光以控制力的一切条件,现在都变成了剥夺主体的条件,变成了使它们全部中性化的力量。结果"凝视折返回来,被封闭在一个圆中……一个死的凝视,变成了永恒观看的鬼魂"。③ 曾经的主体的决断,此刻变成了迷醉的不可决断环境,永无终点和路径的"迷途",迷途并非错误,因为它并非与真实或者真理相对立并帮助构建了二者,它并非辩证法中包含的另一项。

坚称文学只是在世的制作或者行动,无疑是在回避迷醉,否认或者企图抵制文学的"魅惑",否认凝视中所包含的一种"中性的、非人格的"关系,即与"不可见的、无形的深处以及缺席(因为它是令我们看不见的所以我们得以才看见)之间的关系"——与无神圣的神圣之间的关系。

在书写者自以为创造出了物质性的书(book)时,实际结果是

---

① Maurice Blanchot, *The Space of Literature*, p. 32.

② Ibid.

③ Ibid.

作品（work）创造出了一个书写者,正如同样受了黑格尔启发的萨特所认为,在行动之前人没有所谓本质,人只是虚无,最终行动创造了人的存在。

4. 阅读行动的轻率与无为

图13 梵高(Vincent van Gogh),《小说读者》
(The Novel Reader),1888 年。个人收藏。

那么阅读行动呢? 传统看法是对已经存在之作品的理解;而另一种新说法是,阅读是对作品的再书写。

与读者反应理论相同的是,布朗肖也认为,没有读者的阅读,作品不可能来到这个世界:"一本没有人阅读的书是什么? 是一个还没有被写出来的东西"。但不同的是,甚至不同于德里达的看法,他并不认为阅读是一种书写,更不是重写。这里没有主体和他的力量:"阅读并不是将书再写一遍,而是使书存在"(to allow the book to be)。① 仅仅通过、也必须通过阅读者的漫不经心以及无知而轻松的一声"是的",才令书顺其自然地存在(let be what is)。②

一方面,读者用"他无名的存在为书抹去了一切姓名",书开始独立存在,不属于任何一个有姓名之人的私人物,也不依靠某姓名

① Maurice Blanchot, *The Space of Literature*, p. 193.
② Ibid. , p. 194.

的存在而存在。另一方面,阅读完全发生在随机的状态与心情下,所以读者以他的轻慢、不负责任和无知的判断,即"以他无限的轻"(lightness),将写作者写书时注入的"严肃性,辛勤努力,严重的焦虑以及整个生命的重量"等等一切附着物,全部剥离开来。这样,通过阅读,书摆脱了写作者的中介。准确地说书不是由任何人写出来的,而是在阅读中"自己写出自己来"。读者的目光"使它成为一尊独立的雕塑……使它得以宣布自身是一个没有作者(author)和读者的事物"①。也许我们可以把这段话解读为布朗肖对柏拉图某种的回应:一个仍然处于所谓作者父亲保护下的文本,还不是宣布自己存在的作品。因为这样的文本不过是写作者的一种工具,是他力量的延长。只有作为一个"迷途的孤儿",作品才真正存在。

如果说福柯通过激进而决绝地反对"作者"与权力之间的同谋,来召唤未来政治乌托邦式的"作者之死",巴特通过对文本进行多重分解和多样变换的再书写式阅读,或者说以阅读名义进行的再书写,在一种类似性愉悦的体验中,挑衅性地杀死了作者②,那么布朗肖则是凭借普通读者阅读之"轻率"和对作者之名的漠视,在一种无为的态度中打发掉了作者,甚至是一切写作者。

这就是阅读的神奇之处,"它什么也没做,可是一切就成了"。这才是真正的创造,比较创作者辛酸的奋斗,这份轻松随意和不可思议才更接近创造的神圣维度。③

5. 不及物的开始与希望

"弱行动"的提出解构了形而上学文学观对主体(书写者与阅读者)与客体(作品、书)的区分与强调。重要的不再是作为客体的作品,而是追寻作品的行动④;以艺术家名义出现的主体不是在艺术中受到敬拜,成为完美人性的代表,并在艺术品中得到不朽,读者也并不是通过对作品的诠释、挪用来征服世界,相反,主体都将在书写或阅读行动中被取消、剥夺和抹除,乃至被牺牲。⑤

无论是书写者的迷醉还是阅读者轻率无知的决断,文学行动

第四章　文学行动——越界性

---

① Maurice Blanchot, *The Space of Literature*, pp. 193—194.

② 比如巴特对巴尔扎克小说《萨拉辛》的解读。参见罗兰·巴特:《S/Z》,屠友祥译,上海:上海人民出版社,2000年。

③ Maurice Blanchot, *The Space of Literature*, p. 197.

④ Maurice Blanchot, *The Infinite Conversation*, p. 397.

⑤ Maurice Blanchot, *The Space of Literature*, p. 198.

者的力量都在于没有力量和弱，其中最大的弱，则是在文学空间中的"迷途"——丧失世界和丧失他们自己。文学行动不同于其他行动的地方在于：只有通过书写者与阅读者的此种双重丧失或者说迷途，才能促成作品存在这一事件的发生，而文学行动与作品的发生都是在世界之前，"白昼之前的第一道曙光"①，通过带入另一种时间，带入所有世界的他者，作品得以宣布说"开始"，但作品本身则先于一切开始。

　　尽管布朗肖总是将文学与死亡相联系，但他却毫无保留地赞美文学所反复言说的"开始"，因为这一开始不是作为权力源泉与合法性基础的创始神话——有开始但只有一次并且是最后一次所以有等级，也不是乌托邦式的开始——实际上是终结开始的开始，而是永远不会丢失开始的开始，每次开始都是特别而唯一的，这种开始的背后蕴藏着真正无私的希望——不将开始只留给/在开始的开始，不将希望留给希望自身的希望，真正不自欺的希望——不给希望以希望的希望，在它莫大的亵渎中蕴含着虔敬，在它莫大的绝望中孕育着希望。

---

① Maurice Blanchot，*The Space of Literature*，p. 229.

结　语

"行动世纪"后的行动

> 但是为了让你理解，把我的生活交给你，我必须给你讲一个故事——而这类故事是那么多，那么多……却没有一个是真的。……唉，我多么怀疑那种在半张拍纸簿纸片上勾划出来的干净利落的生活设计啊！我开始渴望像恋人们用的那种简短的语言，断断续续、含糊不清的字句，就像人行道上拖沓的漫步声。[①]
>
> ——弗吉尼亚·吴尔夫

第一节　"中间"：突破"终结"的诱惑

我们暗地里都是美杜莎的崇信者。我们崇拜她凝视的力量，迷恋她捕获一切活物的目光。我们希望并相信那奋力挣扎的活物，变动不居的流动（flux）或者隐身在黑暗中的黑暗——比如欧律狄刻，终会在思想的烛照或者话语的揭示下现出原形，凝固成永恒不变的存在（being），吐露出"它是什么"的秘密。

珀尔修斯知道拥有凝视力的戈耳工三姐妹中，只有美杜莎有死的（mortal），是承载着死亡的生命。于是他走出柏拉图的洞穴，用青铜的镜子挡住她致人死命的目光，并砍下了她的头颅，希望能用它观看真理，或者说给出死亡和利用死亡。柏拉图错了，"发现真理"的人（珀尔修斯）并没有遭到厌弃乃至迫害，他一直被人们奉为英雄。

按照惯例，我们应该在书的结尾给出结论，或者说在书写将要抛弃我们的时候，为终结（死亡）唱赞歌。然而结论（end）就是给出死亡和遗忘，自上个世纪以来，我们已经有了太多的终结：历史的

---

① 弗吉尼亚·吴尔夫：《海浪》，吴均燮译，北京：人民文学出版社，2003年，第184—185页。

终结（福山）、人的终结（福柯）、作者的终结（巴特）……乃至"现实"的终结（瓦蒂莫）。终结是一个巨大的诱惑，我们可以用美杜莎的深情一睹捕捉行动的"本质"，然后心满意足地重新撤回到康德理想的无功利（disinterested）沉思与观看中，将一直在流变的行动关闭在道连·格雷的画像里，享受观看者——无论是作为作者还是读者——的特权：说教和评判。

答案——所有的可能性——已经给出，并成为陈词滥调，露着谄媚的牙齿，蹲坐在路旁，它诱人的安全网上挂着灰烬与死亡。这是哈姆雷特和霍拉旭曾共同面对的诱惑，"终结"的诱惑——想要终结什么的诱惑和来自终结—死亡的诱惑。复仇的答案在问题没有提出之前，就一直等着他们自投罗网。

有人曾问德里达："解构之后，我们如何行动？"①德里达回答道："哈姆雷特知道行动应该是怎样的。"那就是"我们不知道，我们也不应该知道。一旦知道了就不会有决定"②。

直到最后，哈姆雷特似乎仍在犹豫，他问霍拉旭："你想我是不是应该——他杀死了我的父王，奸污了我的母亲，篡夺了我的嗣位的权利，用这种诡计谋害我的生命，凭良心说我是不是应该亲手向他复仇雪恨？上天会不会嘉许我替世上剪除这一个戕害天性的蟊贼，不让他继续为非作恶？"③

霍拉旭答道："他不久就会从英国得到消息，知道这一回事情产生了怎样的结果。"④他的意思是，克劳狄斯不久就会知道自己借刀杀人的计策没有得逞。这是一个奇怪的回答，一个根本没有回答的回答，一个不仅保持了沉默而且摆脱了是与否"绑架"的回答——一个会盗用神圣之名的回答，通过言说另一件事、一件明摆的事情——一个过分轻松的回答。如果我们相信哈姆雷特与霍拉旭之间的友谊，那么或许我们可以认为，霍拉旭在用他的沉默和"轻描淡写"，拒绝哈姆雷特一直面对的给出终极答案、给出死亡的诱惑，正像哈姆雷特一直在用他的疯狂和延宕所努力做到的那样。行动的危机就来自这一诱惑，来自终结行动的诱惑，来自死亡。

① Jacques Derrida, "Hospitality, Justice and Responsibility," p. 65.

② Ibid. , p. 68.

③ *Hamlet* 5. 2. pp. 70—77.

④ Ibid. , pp. 78—79.

图14　老彼得·勃鲁盖尔(Pieter Bruegel the Elder),《死亡的胜利》
(De Triomf van de Dood),1562年。西班牙马德里,
普拉多艺术博物馆(Museo del Prado)。

从本书一开始,行动就已经从以往主体与客体构成的线段,或者说辩证法编织起的"终结"之网中挣脱出来。行动变成了一条两面无限延伸的"中间"(between),即"……行动……"。行动变成让子弹飞时在空中留下的轨迹线,人行道上拖沓的漫步——断断续续、含糊不清,变成德勒兹津津乐道的吴尔夫式的解域和游牧,变成"作为行动、政治、实验和生活的散步"①:"我们穿过公园走到堤岸街,沿着斯特兰大街走到圣保罗教堂,然后上一家店里去买了一把伞,一路上一直在谈天,不时停下来看一看。"②

"行动是什么?"提问是一种权力和力量,对答案的痴迷会使我们在不经意间就屈服于它,并被问题裹挟的话语方式所擒获。这一形而上学的问题正像是美杜莎的凝视,它将终结行动,也将终结提问本身。于是我们不得不让问题迁移起来,不断地用一个新的问题甚至问题丛"回答",转移、中断或消解前面的问题。我们打开一个乃至多个新的空间,这些空间流动并分叉,像是恋人间的絮语,渐渐松动话语与权力的勾连。从政治行动,到言语行动、文本、

---

① Gilles Deleuze & Claire Parnet, *Dialogues II*, trans. Hugh Tomlinson, London:Continuum, 2002, p. 30.

② 弗吉尼亚·吴尔夫:《海浪》,吴均燮译,北京:人民文学出版社,2003年,第137页。

神学乃至最终的文学行动,我们在 20 世纪西方有关行动问题的各地域之间迁徙,并留下种种"之间"(And)的路线图,努力以行动的方式探讨行动,以动词的形式呈现行动。结果对解答的寻求让位于对问题的寻求,而过去我们一直以为只有得到了确定的答案才能决定和行动。这一从揭示答案向寻找问题的转向也是从凝视中"自我"的君临天下向倾听中我与他者对话的转向。

最后我们抵达的文学行动,绝不是对行动作黑格尔式的综合,而是各重行动一直在流动、延伸和交叉的"中间"。弥漫于各行动领域的"中间",是麦尔维尔的大海、吴尔夫的伦敦街道。在面对死亡的致命诱惑时,它打开了通过断裂而连接的中间,一个敞开的深渊,仅仅通过一个微弱的请求,一个发自友谊而非真理的请求:"你倘若爱我,请你暂时牺牲一下天堂上的幸福,留在这一个冷酷的人间,替我传述我的故事吧。"①

第二节　霍拉旭的复仇:不可能的弱行动

一、"Récit":当霍拉旭成为莎士比亚

莎士比亚的《哈姆雷特》并不终止于哈姆雷特的死,而是结束于一个宣告:一个故事将要到来。霍拉旭会怎样讲述哈姆雷特的故事呢?这是一个我们至今还未听到的故事,一个未知的、存在于《哈姆雷特》剧之外的空间,一个陌生的一直为人们无视的外部。整个《哈姆雷特》因为这个点的存在而成为奔向它的行动,我们可以说它是整部剧的中心,然而这个中心却在整体之外。

现在,我们要跟随布朗肖跨过这个深渊,呈现但又保守住这一作为深渊的秘密,通过这一打破了终结的空间重新连接到《哈姆雷特》的起点,让《哈姆雷特》变成一个"Récit"。"Récit"是 20 世纪法国文学史上一种独特的叙事文学体裁,备受布朗肖等法国作家推崇。它不仅仅是对某一事件或者行动的叙述,它本身就是一个事件或行动,一个自我指涉的行动——文学行动。在《哈姆雷特》中,文学行动言说了不可能和不可知,但却没有揭示它,而是保护了它。正是在从这一角度说,文学行动是一种为了保持沉默的言说,

---

① 莎士比亚:《哈姆雷特》,朱生豪译,参见《莎士比亚全集(悲剧卷上)》,南京:译林出版社,1998 年第 1 版,第 399 页。

一个没有行动的行动。而哲学话语与文学话语、现实与虚构之间的界限在"Récit"中被跨越和模糊了。

是谁讲述了《哈姆雷特》？从可知和可能性的角度上说，是历史上一个叫做莎士比亚的英国人。从不可知和不可能的角度，或者站在那个深渊的立场上，也就是人们通常称之为虚构世界的立场上，只能是经历了事情始末的唯一幸存者哈姆雷特的好友霍拉旭。我们想象他后来抵御了死亡的一次次诱惑，忍受了人世的重负，变成了莎士比亚，或者以莎士比亚的名义向世人流传下这部《哈姆雷特》，因此兑现了他对哈姆雷特的诺言。

然而，这一遗嘱并没有被完全地实现。因为霍拉旭讲述的还只是他为什么要讲述哈姆雷特这一故事的原委，即他变成莎士比亚进行创作的原因。真正到他将要进行的讲述本身时，却戛然而止了。他用了一个新的许诺，新的召唤，来兑现他对哈姆雷特的诺言："让我向那懵无所知的世人报告这些事情的发生经过……"[1]

然而还是没有人真正听到霍拉旭接下来要讲的故事，一个不可知的、不可能的故事。霍拉旭的故事正如塞壬的歌声，是一个将要到来的故事，或者说是对这个故事的不断地反复接近，一个标示出未知的行动，一个超越了死亡的诱惑。霍拉旭的叙述引领我们走向故事将要真正展开的那个空间，巴塔耶称之不可能与不可知，布朗肖称之为外部，列维纳斯则称为他者。这使得《哈姆雷特》不可救药地一直就是个不完整的存在，或者说不完整性（incompleteness）就是它的存在原则。[2]

这被布朗肖认为是"Récit"与小说的重大差异之一，而现在看来则正是文学行动对传统小说与个人主义之关联的解构。具体地说，"Récit"的伦理与政治意义在于，它使人物、写作者和读者自我封闭的自我承受了他者的绝对他异性。[3] 从时间性上看，"Récit"是给出时间的叙述，而传统小说仍然是身处于时间内的叙述。

---

① 　莎士比亚：《哈姆雷特》，第 401 页。

② 　Maurice Blanchot, *The Unavowable Community*, pp. 5—7.

③ 　See Daniel Just, "The Politics of Novel and Maurice Blanchot's Theory of Récit, 1954—1964" in *French Forum* Winter 2008；33, 1/2, pp. 121—140.

二、反抗权力的弱行动

"Say —What, is Horatio there?"
"A piece of him."①
——Shakespeare, *Hamlet* Act I. SC. I 25—26

霍拉旭没有开玩笑,在莎士比亚的《哈姆雷特》里恐怕再也没有比他更奇怪的存在了。普通观众或读者的目光很容易忽略他,即使他是整部悲剧唯一幸存的主要人物,即使他出现在几乎所有重要的情节里,甚至就在哈姆雷特手拿骷髅的经典"独白"场景中(*Hamlet* 5.1.172—188),即使他是所有重要角色中唯一不能被演员兼演(即同一个演员扮演两个角色)的角色,因为在他出现的场合,其他所有重要角色几乎都在场。研究者为此抱怨说,

> 我们不得不得出结论,虽然莎士比亚能把所有的创造天赋都花费在像奥斯里克这样一个微不足道的人物身上,但他却没有花些功夫把霍拉旭塑造成一个活生生的人物。②

因为其他所有重要角色都有自己的故事。哪怕故事是被压抑了——比如奥菲利亚,或者被掩藏了——比如克劳狄斯和葛特露,都有痕迹显示它们不在场的存在。只有霍拉旭是一个彻底没有自己故事的人,他有的只是别人的故事:他追述了老国王的容貌和决斗经历,并揭露了福丁布拉斯的图谋,他向哈姆雷特通报了鬼魂的出现,见证了克劳狄斯观看戏中戏时的反应,也见证了奥菲利亚的疯狂及其后的葬礼,最后他亲历了悲剧的结局,并许诺要向世人讲述一个故事。③

还因为他可能是最沉默的主要人物。全剧一共 3931 句台词,霍拉旭的台词是 290 句,然而其中 116 句是对重要事件的通报④,剩下的则是辅助性短语——"是,殿下,""有,殿下,""什么事

① *Hamlet* 1.1.24—25. William Shakespeare, *Hamlet*, New York: Washington Square, 1958, p.2. 中文翻译:"勃那多:喂——啊!霍拉旭也来了吗?""霍拉旭:这儿有一个他。"参见朱生豪译:《哈姆雷特》,《莎士比亚全集(悲剧卷上)》,南京:译林出版社,1998 年第 1 版,第 280 页。

② Salvador de Madariaga, *On Hamlet*, London: Routledge, 1964, p.112.

③ *Hamlet* 5.2.409—416, pp.422—426.

④ Francis G. Schoff, "Horatio: A Shakespearian Confidant," in *Shakespeare Quarterly*, Vol.7. No.1 (Winter, 1956): 54.

情？"……

图 15　德拉克洛瓦(Eugène Delacroix)，《哈姆雷特与霍拉旭在墓地》
(Hamlet and Horatio in the cemetery)，1839 年。法国巴黎卢浮宫。
左立者为霍拉旭，右立者为哈姆雷特。

　　同时他也是最游离、最无所作为的人物。尽管他出现在几乎
所有关键时刻，他却奇怪地置身于一切冲突之外。他是哈姆雷特
最信任的朋友，被后者称为"一个最正直的人"[①]，却一直没有为哈
姆雷特的复仇实在地做过什么。即便当他试图做什么时也失败
了：他没能让鬼魂向他说话或者阻止他的消失，也没能成就罗马人
随朋友而死的壮举。有人尖刻地批评说：

　　　　自始至终他都是一个精神恍惚的笨蛋，甚至都提不出一
　　条建议，说出来的话主要就是："啊，殿下，""那是一定的，""有

没有可能，"……哈姆雷特应该以这个过分沉默的人为榜样！①

尽管著名莎评家布拉德利（A. C. Bradley，1851—1935）称霍拉旭是个"美丽的人物"②，但他针对霍拉旭的评论也只有这一句。因为无论是为他辩护的，还是批评他的人，可能都不得不承认在《哈姆雷特》里他是一个缺乏实际存在的人物，非人物的人物，一个无人（nobody）③，一个最亲密的异乡人，一个在存在与非存在之间"偷闲躲懒"（truant）④的幽灵，"a piece of him"。

而很可能恰恰是因为这一在"to be"与"not to be"之间的游荡——不可决断性（undecidability），才使霍拉旭得以信守哈姆雷特的遗嘱，讲述一个包括了所有人与鬼魂的故事，一个仍未到来的故事。而这就是霍拉旭的复仇，文学的行动。

霍拉旭的复仇来自于哈姆雷特留给他的遗嘱："讲述我的故事"（To tell my story）。这一遗嘱被临死前的哈姆雷特重复了三次。第一次，"霍拉旭，我死了，你还活在世上；请你把我的行事的始末根由昭告世人，解除他们的疑惑"。⑤ 第二次，在阻止了霍拉旭的自杀后，他又说"你倘然爱我，请你暂时牺牲一下天堂上的幸福，留在这一个冷酷的人间，替我传述我的故事吧。"⑥最后一次，"你可以把这儿所发生的一切事实告诉他。此外仅余沉默而已。"⑦与其他著名的复仇剧比较，比如基德的《西班牙悲剧》（Thomas Kyd's *The Spanish Tragedy*）和米德尔顿的《复仇者悲剧》（Thomas Middleton's *The Revenger's Tragedy*），可以发现复仇者临死前对叙事的要求是《哈姆雷特》所独有的，而霍拉旭这样一个既是听众又是讲述者的人物也不存在于其他复仇剧中。在《复仇者悲剧》里，主人公有一个密友希坡里托（Hippolito），但密友本人也是一个

---

① Thomas M. Kettle，"A New Way of Misunderstanding *Hamlet*"，in *The Day's Burden*，New York，1918，p. 72. 转引自 Francis G. Schoff，"Horatio：A Shakespearian Confidant，" p. 53.

② A. C. Bradley，*Shakespearean Tragedy：Lectures on Hamlet*，*Othello*，*King Macbeth*，New York：Palgrave McMillan，2007，p. 122.

③ Salvador de Madariaga，*On Hamlet*，p. 112. Francis G. Schoff，"Horatio：A Shakespearian Confidant"，pp. 53—57.

④ *Hamlet* 1.2.178—182. 汉译见朱生豪译：《哈姆雷特》，第 288 页。

⑤ *Hamlet* 5.2.359—361. 参见朱生豪译：《哈姆雷特》，第 399 页。

⑥ Ibid.，370—372. 参见朱生豪译：《哈姆雷特》，第 399 页。

⑦ Ibid.，383—384. 参见朱生豪译：《哈姆雷特》，第 400 页。

暴力复仇者,缺乏"霍拉旭那样一种与谋杀行动、与暴力的分离",而且在悲剧的结尾他与主人公一道死了,归于沉默。[1]

也就是说,当其他复仇者通过与仇家同归于尽而获得死亡之宁静的时候,当其他复仇剧以结尾的仪式性屠戮使世界的秩序重获平衡,因而关闭了戏剧的时候,哈姆雷特和悲剧本身都没有从哈姆雷特的复仇中恢复平衡,得到终结。

而平衡和对称一直是复仇行动的传统原则和实现目标,哈姆雷特名下的第一个遗嘱就体现了这一点,它发自老国王的鬼魂。这一遗嘱就是:"记住我"(Remember me)[2],更重要的,"你必须替他报复那逆伦惨恶的杀身的仇恨"。[3] 即血债血还,在复仇行动与原始罪行之间建立起摹仿关系,相似性关系,以达成封闭的平衡和对称,恢复世界的秩序。不同于王子的遗嘱,它诉诸的不是友谊的平等之爱,而是父子之间的等级之爱,它不是请求而是命令。[4]

从一开始哈姆雷特就对这种相似性原则抱有疑虑。不同于以往复仇剧中的主人公,他怀疑鬼魂与父亲之间的同一性:它真的是父亲的魂灵还是魔鬼的化身?[5] 这一对父亲缺席的呈现是否忠实于真实的、在场的父亲? 鬼魂的言语也显示了这一分离:"我是你父亲的魂灵"[6]而没有说"我是你的父亲",命令哈姆雷特报仇时,说的也是"为他报仇"而非"为我报仇"。

哈姆雷特也怀疑复仇本身——对称的复仇能恢复世界的平衡吗(set it right)?[7] 还是会变得更糟? 不仅因为,摹仿性的复仇使得复仇者"无法真正开始行动,而只能对原始罪行做出反应,并重演这一罪行"[8],在摹仿中受害者、复仇者与罪犯之间的区别变得越

---

① Scott McMillin, "Acting and Violence: *The Revenger's Tragedy* and Its Departures from *Hamlet*," in *Studies in English Literature*, pp. 1500—1900, Vol. 24, No. 2, Elizabethan and Jacobean: 276.

② *Hamlet* 1.5.98.

③ Ibid. , 5.30. 参见朱生豪译:《哈姆雷特》,第298页。

④ Ibid. , 5.109.

⑤ *Hamlet* 2.2.606—607.

⑥ *Hamlet* 1.5.14.

⑦ Ibid. , 5.216.

⑧ David Scott Kastan, "'His semblable is his mirror': *Hamlet* and the Imitation of Revenge", in *Shakespeare Studies* 19(1987): 113.

来越模糊。① 还因为父亲之死向他揭示了一个可怕的变化——"时代彻底地脱节了"（The time is out of joint）②，而人世变成了"一个荒芜不治的花园，长满了恶毒的莠草"。③ 所以即使他相信"照我们一般的推想，他【克劳狄斯】的孽债多半是很重的"，他也同时意识到"但谁也不知道在上帝面前，他的生前的善恶如何相抵"④，因为世界已经沉默了。正如当代美国神学家卡普托（John D. Caputo, 1940— ）对"上帝之死"的描述："形而上学的客观性伪装，即宣称它拥有确定的绝对基础，已经枯萎了，或者变得不可信了（或者什么都不是了）。"⑤ 所以哈姆雷特知道，复仇对他来说，如果仅仅意味着杀死克劳狄斯，那根本不可能重整颠倒的乾坤，恢复平衡，特别是考虑到他自己——复仇者本人，也"还有那么多的罪恶。"⑥

　　哈姆雷特因此延宕了，在"存在"与"不存在"之间挣扎。但这并不只是意味着在生死之间挣扎——像传统理解的那样，他还在虚构与现实之间游荡，在戏内外两个世界穿梭。这一点从《哈姆雷特》剧早期的舞台表演上就能看出来，当时饰演哈姆雷特的演员倾向于站在舞台的外围边缘，观众世界与戏剧世界之间的有限空间里。⑦ 哈姆雷特的延宕，很大程度上在于他时而进入复仇者的角色，时而又游离于角色之外，反观自己的复仇，就像他的台词既是对着其他角色，同时也是对着观众和他自己说的话——他是一个

----

　　① David Scott Kastan, "'His semblable is his mirror': *Hamlet* and the Imitation of Revenge," p. 113.

　　② *Hamlet* 1. 5. 215.

　　③ Ibid. , 2. 135.

　　④ *Hamlet* 3. 3. 85. 参见朱生豪译：《哈姆雷特》，第 349 页。

　　⑤ John D. Caputo & Gianni Vattimo, ed. Jeffrey W. Robbins, *After the Death of God*, New York: Columbia University Press, 2007, p. 74.

　　⑥ *Hamlet* 3. 1. 134－137. "还有那么多的罪恶，连我的思想里也容纳不下，我的想象也不能给它们形相，甚至于我没有充分的时间可以把它们实行出来。"参见朱生豪译：《哈姆雷特》，第 331 页。

　　⑦ Robert Weimann, *Shakespeare and the Popular Tradition in the Theater: Studies in the Social Dimension of Dramatic Form and Function*, Baltimore: John Hopkins University Press, 1978; *Author's Pen and Actor's Voice: Playing and Writing in Shakespeare's Theatre*, Cambridge: Cambridge University Press, 2000. 转引自 Janette Dillon, *The Cambridge Introduction to Shakespeare's Tragedies*, Cambridge University Press, 2007, p. 72.

意识到自己在表演的角色,是一个知道自己是虚构人物的人物。①
所以延宕既是一个复仇行动,又是一个针对复仇行动的行动,而
《哈姆雷特》也就不仅是一部复仇剧,还是与复仇剧及其传统的对
话,乃至解构。②

　　哈姆雷特对复仇的延宕不是懦弱,不是对行动的拒绝,而是拒
绝复仇的被动反应,拒绝按照既定的意识形态行动,拒绝进入用暴
力证明暴力的恶性循环。他的延宕使复仇不再是纯粹的摹仿,于
是镜子开始变形……只是仍然不够,因为克劳狄斯最终还是努力
要将哈姆雷特拉回摹仿的轨道,重建对称的镜像③,那么如何将延
宕从摹仿的框架中彻底拯救出来? 更重要的,世界如何在对称消
解之后重获平衡? ——哈姆雷特发现这才是复仇的真正目的。

　　这正是"霍拉旭的复仇"之命意所在。他对复仇不介入的介
入——倾听与见证,还有叙述与召唤(叙述哈姆雷特的故事、召唤
未来的听众和读者),一方面继续了延宕对摹仿的解构,中断了复
仇的同一性与对称性,另一方面打开了即将被死亡和沉默关闭的
空间。在悲剧的结尾,霍拉旭宣告:"让我向那懵无所知的世人报
告这些事情的发生经过。"④这样,复仇就在霍拉旭那里转变为对他
者的召唤,失去的平衡被许诺将在未来无尽的讲述与聆听中得到
恢复,这是一个不对称的对称,非平衡的平衡。而延宕在真实与虚
构、存在与不存在之间的越界也在霍拉旭的复仇行动——见证、叙
述与召唤——中得到了深化。

　　哈姆雷特试图成为与自身的距离,没有成功,而霍拉旭则是这
种中性的化身,距离的化身。霍拉旭是幽灵性的人物,他和哈姆雷
特共同呈现了文学行动的弱与中性,他们的默契成就了文学行
动——轻、沉默、疯狂与延宕共同言说着那不可能的,言说着那不
可言说的。

---

　　① Janette Dillon, *The Cambridge Introduction to Shakespeare's Tragedies*,
Cambridge University Press, 2007, p. 72.

　　② 这一点 Janette Dillon 在 *The Cambridge Introduction to Shakespeare's
Tragedies* 一书的"Chapter 5 Hamlet",第 65—76 页中有比较详细的论述。

　　③ 在哈姆雷特还对复仇犹豫不决,没有考虑任何具体的复仇计划时,是克劳狄斯
下定决心,加快了复仇的步伐——"无论什么都不能庇护一个杀人的凶手;报仇雪恨不
应受任何拘束"(*Hamlet* 4.7.142—143),设置好圈套,把杀戮伪装成宴会,结果以往都
是复仇者做的筹划现在却是由他的对手来完成。Janette Dillon, *The Cambridge
Introduction to Shakespeare's Tragedies*, p. 68.

　　④ *Hamlet* 5.2. pp. 409—410. 参见朱生豪译:《哈姆雷特》,第 401 页。

在霍拉旭的复仇中隐藏着文学的秘密，那就是：文学是一种弱行动（weak action），它像霍拉旭那样以一种存在与行动上的缺乏，回答了哈姆雷特的著名追问——"存在还是不存在"（To be or not to be）？而它未明言的选择是："存在或者不存在。"

存在和不存在都是行动（to be 和 not to be），而不是名词性的实体（being 和 nonbeing），重点不在"还是"（or）两边的某一个选项，而在整个句子本身，即霍拉旭的复仇行动既不是"to be"也不是"not to be"，而是句号对"或者"（or）的肯定——对存在与不存在之间不可决断性的肯定。之所以是"或"不是"和"（and），是因为"和"会造成存在与不存在的聚合——辩证统一，而"或"则保持了存在与非存在之间的闪烁和恍惚。

这一不可决断性构成了文学行动的关键。而文学行动不仅是在存在行动与不存在行动之间的不可决断，与之对应，还有它在物与词、现实与虚构之间的不可决断。这一不可决断性同时造成了文学的越界（transgression）以及文学行动的"弱"——因为"在【文学所在的】实存（实存既不是存在也不是虚无）深处，做任何事情的希望都被完全消除了。"①文学的行动就是它的不行动，一种布朗肖所说的非功效的（workless）行动、不可能的行动。

而文学行动之弱不是辩证法中与强相对的弱，即力量或权力在程度上的弱，而是中性之弱，即从根本上寻求与力量和权力的分离，甚至是与分离本身相分离②，因为分离自身也包含着决断和力量。因此弱永远在权力和能力之外，而不是可以被控制的，弱行动是无限进行而无法一劳永逸实现的。通过弱，文学行动拒绝了控制和被控制，且无止尽地质疑一切秩序和法则，包括文学自身的法则。③ 以至于文学的以言行事成了以言不行事，它的言说成了言说沉默，而不是揭示绝对真理。这就是布朗肖所说的文学对非权力（un-power）的寻求。④

或许不是偶然，卡尔维诺为新千年挑选了一个吉祥的形象，当诗人卡瓦尔康蒂（Guido Cavalcanti, between 1250 and 1259—

---

① Maurice Blanchot, "Literature and the Right to Death," p. 395.

② Maurice Blanchot, *The Writing of the Disaster*, trans. Ann Smock, Lincoln & London: University of Nebraska, 1995, p. 12.

③ Maurice Blanchot, *Friendship*, trans. Elizabeth Rottenberg, Stanford: Stanford University, 1997, p. 67.

④ Maurice Blanchot, "Refuse the established order," p. 21.

1300)被反对者包围在墓地时，他说道："'先生们，在你们自己家里，你们爱怎么奚落我都可以。'"这么说着，诗人一只手按着一块儿大墓石，"由于他身体非常轻盈"，所以一跳就越过墓石，"落到另一边，一溜烟跑掉了。"[①]这里"你们的家"指的是坟墓。文学的中性一直在以它的沉默和轻盈突破终结——死亡的包围。

第三节　文学行动的共同体

霍拉旭是我们的同时代人。不仅因为本文对他的探讨，对文学"弱行动"的提出，是受当代西方人文学者重新发掘"弱"之潜能的启发——它们包括德里达的"弱力"（a weak force）以及与之相关的本雅明的"弱弥赛亚力"（weak messianic force），瓦蒂莫的"弱思想"（weak thought）和卡普托的弱神学（weak theology）。[②]

还因为接受了哈姆雷特遗嘱的人，除了霍拉旭，还有我们。"替我传述我的故事吧。"早在这一遗嘱产生之前，霍拉旭就被它召唤进了哈姆雷特的故事——除了见证与讲述，这个人物没有其他存在的理由。而我们甚至在没有听到这一遗嘱之前，也已守候多时——《哈姆雷特》的巨大影响力使我们终会以各种方式遭遇它，甚至通过中国的商业电影《夜宴》。或者我们已经在执行这个遗嘱了——从街谈巷议到舞台表演，再到静静沉睡的书架，我们和霍拉旭一直在讲述哈姆雷特的故事。一个非现实的、不可以当真的遗嘱——只存在于虚构世界里，一个在实际上却一直被很多人认真恪守的遗嘱——从前有人、将来还会有人传述这个故事；一个没有人能够真正公开领受的遗嘱[③]，一个被越来越多的人不公开地甚至不自觉地领受了的遗嘱。一个被死亡——哈姆雷特的死亡——带来，却又中断了死亡——霍拉旭的死亡——的遗嘱。

一个不可能的悖谬的文学遗嘱，却引发了一个看不见的弱行动，带来一个未明言的共同体（the unavowable community）。

---

① 卡尔维诺：《新千年文学备忘录》，黄灿然译，南京：译林出版社，2009 年，第10 页。

② John D. Caputo, *The Weakness of God: A Theology of the Event*, Bloomington & Indianapolis: Indiana University Press, 2006, p. 7.

③ 唯一公开领受它的人——霍拉旭，不过是一个"幽灵"：从现实层面看，他不是一个真实的存在，他只存在于文学虚构中；从虚构世界的层面看，他在《哈姆雷特》剧中显得游离而多余，与众多角色都有关联，却几乎没有"实质"的互动。

莎士比亚的《哈姆雷特》没有终止于哈姆雷特的死，而是结束于一个宣告——一个故事将要到来，一个至今我们还未听到的故事。霍拉旭会怎样讲述哈姆雷特的故事？它成了一个未知的、存在于《哈姆雷特》剧之外的空间，一个陌生的、一直为人们无视的外部。

这个听不见的故事召唤一个文学行动的共同体，由霍拉旭、我们以及将要到来的"他者"构成的读者—见证者—讲述者的共同体。一个无限的共同体，但同时也是一个巴塔耶所说的"没有共同体的共同体"（a community without community）。①

联系起共同体所有"成员"的只是一个不在场的文学空间，"成员"之间也不是——至少不必是——面对面的在场关系，以至于他们很可能没有意识到自己属于这样一个共同体，因此它是一个不在场的共同体。文学行动的共同体没有边界，也就没有内外的区分，即它的迎接并不同时意味着排斥，不存在有些人或事物有资格而另一些人或事物没有资格进入。它总是敞开的、召唤的："'来吧，来吧，你——命令、祈祷和期待对你都是不合适的。'"②用布朗肖的话说，"它包括了存在所排斥的外部（exteriority），思想不能把握这一外部，即便是给它各种名字也不能：死亡、与他者的关系……"③

这一共同体不是一种社会组织的形式，它是无目的的共同体，既不致力于把自己融合、提升到一个更高、更强大、更完整的统一体——通过消融每个成员来去除他们的不完整、孤独与弱势，也不致力于创造一个外在的产品——"它不把生产价值作为它的目标。"④因此它恰好是巴塔耶所理想的"无头的共同体"（headless community），即它"不仅排除了'头'所象征的事物的至高性，比如领导，合适的理性，计算，衡量和权力，包括象征的权力，还排除了排除自身，这一排除已被理解为一个有意的、至高的行动，在'头'

---

① 这是一个最早由巴塔耶提出的术语，后来布朗肖在《未明言的共同体》、德里达在《友谊的政治学》中都讨论了它。See Maurice Blanchot, *The Unavowable Community*. Jacques Derrida, "The Politics of Friendship," in *The Journal of Philosophy*, Vol. 85, No. 11, pp. 632—644.

② Maurice Blanchot, *The Unavowable Community*, p. 12.

③ Ibid., p. 12.

④ Ibid., p. 11.

坠落的形式下,这个排除行动将会重新恢复'头'的至高性。"①也是布朗肖和南希所说的"非功效的共同体"(the unworking community)。这一"无所作为"(not-doing)是文学与友谊、与爱所共通的。

那么写作者呢?他是这个共同体的先知或者预言家——"头"或者生产者吗?相反,作为一个写作者的莎士比亚是在作品存在之后才诞生出来的,所以霍拉旭不仅召唤来了观众—读者,他还召唤来了写作者莎士比亚,"写作者只有通过作品才能找到自己,实现自己。"②不仅如此,他还要"为将要到来的任何人留出位置,防止篡位者占据那个空位,并保存那无法回忆的记忆,提醒我们都曾是奴隶,虽然我们可能是自由的,但是只要还有人是奴隶,那我们现在、将来都还是奴隶,因此(简言之)只存在为他者的和通过他者的自由:不得不说这是一个无止尽的任务,并使写作者冒着成为说教者的危险,而一旦堕落为说教者,他就会被解除他所承载的(书写的)要求,这一要求要求他没有位置,没有名字,没有身份——要求他永远都还不是一个写作者。"③

而读者也不是一个面对作品完全自由的读者,"他被渴望,被爱,"也有可能不招人喜欢——对书写的人来说④,不过对所有"成员"来说,读者都是未知者,"是与未知的关系"⑤。不仅如此,读者还被作品要求在文学空间中放弃自己的一切现实,"他的个性,他的不谦虚,他对自己的固执坚持"。⑥ 当鬼魂出现时,他必须放弃他的不相信,当哈姆雷特犹豫时,他只能耐心地等待,并信任他。在文学行动中读者必须抱以极大的信任和宽容,同时又投以极大的警觉,这两者无法区分。

结果,无论是书写还是阅读,文学的弱行动对它的参与者,文学共同体的成员,要求的比"没有"还少——"无为"(not-doing),同时又要求的比"一切"都多——"将自己整个地献于无限的放弃

---

① Maurice Blanchot, *The Unavowable Community*, p. 16.

② Maurice Blanchot, "Literature and the Right to Death," *in The Station Hill Blanchot Reader*, pp. 361, 363.

③ Maurice Blanchot, "Refuse the established order," trans. Leslie Hill, in *Paragraph* 30.3 (2007): 21—22.

④ Maurice Blanchot, *The Unavowable Community*, p. 23.

⑤ Ibid. , p. 24.

⑥ Maurice Blanchot, *The Space of Literature*, p. 198.

中。"这一放弃同时又是馈赠,它"要求被放弃的存在者心中毫不求回报的给出,毫无计算,甚至对于自己正在给出的存在也毫无保护:因此那无限之物的迫切要求就存在于放弃的沉默之中。"①

弱,比一切都多,比没有还少,游荡在"一切"(everything)与"没有"(nothing)的"总体"(totality)之外。

① Maurice Blanchot, *The Unavowable Community*, pp. 15, 57—58 n6.

参考书目

重要英文书目

Arendt, Hannah. *Men in Dark Times*. New York: Harcourt Brace and World, 1968.

————. *The Life of the Mind: Thinking*. London: Secker & Warburg, 1978.

————. *Between Past and Future: Eight Exercises in Political Thought*. New York: Penguin Books, 1987.

————. *The Human Condition*. Chicago & London: The University of Chicago Press, 1998.

————. *The Portable Hannah Arendt*. Ed. Peter R. Baehr. New York: Penguin Books, 2000.

————. *Reflections on Literature and Culture*. Stanford: Stanford University Press, 2007.

Badiou, Alain. *The Century*. Trans. Alberto Toscano. Cambridge: Polity, 2007.

Bataille, Georges. *Theory of Religion*. Trans. Robert Hurley. New York: Zone Books, 1989.

Blanchot, Maurice. *The Space of Literature*. Trans. Ann Smock. University of Nebraska, 1982.

————. *The Unavowable Community*. Trans. Pierre Joris. Station Hill Press, 1988.

————. *The Step Not Beyond*. Trans. Lecette Nelson. Albany: New York.

————. *The Infinite Conversation*. Trans. Susan Hanson. University of Minnesota, 1993.

————. *The Blanchot Reader*. Ed. Michael Holland. Oxford: Blackwell, 1995.

————. *The Work of Fire*. Trans. Charlotte Mandell. Stanford University, 1995.

————. *The Writing of the Disaster*. Trans. Ann Smock. University of Nebraska, 1995.

————. *Awaiting Oblivion*. Trans. John Gregg. Lincoln & London: University of Nebraska, 1997.

————. *Friendship*. Trans. Elizabeth Rottenberg. Stanford: Stanford

University, 1997.

_____. *The Station Hill Blanchot Reader*. Ed. George Quasha. Barrytown: StationHill, 1999.

_____. *Faux Pas*. Trans. Charlotte Mandell. Standford: Stanford University, 2001.

_____. *The Book to Come*. Trans. Charlotte Mandell. Stanford: Standford University, 2003.

_____. *A Voice from Elsewhere*. Trans. Charlotte Mandell. Albany: SUNY, 2007.

Butler, Judith. *Excitable Speech: A Politics of the Performative*. New York & London: Routledge, 1997.

Bradley, A. C.. *Shakespearean Tragedy: Lectures on Hamlet, Othello, King Macbeth*. New York: Palgrave McMillan, 2007.

Caputo, John D. & Gianni Vattimo. Ed. Jeffrey W. Robbins. *After the Death of God* New York: Columbia University Press, 2007.

Derrida, Jacques. *Writing and Difference*. Trans. Alan Bass. London: Routledge, 1978.

_____. *Limited Inc*. Trans. Sameul Weber. Evanston: Northwestern University Press, 1988.

_____. *Acts of Literature*. Ed. Derek Attridge. New York: Routledge, 1992.

Dillon, Janette. *The Cambridge Introduction to Shakespeare's Tragedies*. Cambridge University Press, 2007.

Felman, Shoshana. *The Literary Speech Act*. Trans. Catherine Porter. Ithaca: Cornell University Press, 1983.

Foucault, Michel. *The Foucault Reader*. Ed. Paul Rabinow. New York: Pantheon Books, 1984.

_____. *Maurice Blanchot: The Thought from Outside*. Trans. Brian Massumi. New York: Zone Books, 1987.

_____. *The Order of Things*. London: Routledge, 2002.

Heidegger, Martin. *Poetry, Language, Thought*. Trans. Albert Hofstadter. Beijing: China Social Sciences, 1999.

Kojève, Alexandre. *Introduction to The Reading of Hegel*. Ithaca and London: Cornell University, 1969.

Kristeva, Julia. *Hannah Arendt*. New York: Columbia University, 2001.

Levinas, Emmanuel. *Existence and Existents*. Trans. Alphonso Lingis. The Hague: Martinus Nijhoff, 1978.

_____. *Proper Names*. Trans. Michael B. Smith. London: The Athlone Press, 1996.

Madariaga, Salvador de, *On Hamlet*. London: Routledge, 1964.

Rancière, Jacques. *The Politics of Aesthetics*. Trans. Gabriel Rockhill. London: Continuum, 2004.

＿＿. *The Flesh of Words: The Politics of Writing*. Trans. Charlotte Mandell. Stanford: Stanford University Press, 2004.

Ricoeur, Paul. *Interpretation Theory: Discourse and the Surplus of Meaning*. Fort Worth: The Texas Christian University Press, 1976.

＿＿. *Hermeneutics and the Human Sciences*. Ed. & Trans. John B. Thompson. Cambridge University Press, 1981.

＿＿. *Time and Narrative*, Volume 1, 2, 3. Trans. Kathleen Blamey & David Pellauer. University of Chicago Press, 1990.

＿＿. *From Text to Action*. Trans. Kathleen Blamey & John B. Thompson. Evanston: Northwestern University Press, 1991.

＿＿. *A Ricoeur Reader: Reflection and Imagination*. Ed. Mario J. Valdés. New York: Harvester Wheatsheaf, 1991.

＿＿. *Oneself As Another*. Trans. Kathleen Blamey. Chicago: University of Chicago Press, 1992.

＿＿. *Critique and Conviction*. Trans. Kathleen Blamey. Cambridge: Polity Press, 1998.

＿＿. *The Conflict of Interpretations*. Ed. Don Ihde. London: Continuum, 2004.

Rorty, Amélie Oksenberg ed. , *Essays on Aristotle's Poetics*. Princeton: Princeton University Press, 1992.

Vattimo, Gianni. *After Christianity*. New York: Columbia University Press, 2002.

次要英文参考书目

Althusser, Louis. *Lenin and Philosophy and Other Essays*. Trans. Ben Brewster. New York: Monthly Review Press, 1971.

Bruns, Gerald L. *Maurice Blanchot: The Refusal of Philosophy*. Blatimore & London: The Johns Hopkins University Press, 1997.

Budick, Sanford & Iser, Wolfgang eds. *Languages of the Unsayable: The Play of Negativity in Literature and Literary Theory*. Stanford: Stanford University Press, 1987.

Caputo, John D. . *The Weakness of God: The Theology of the Event*. Bloomington & Indianapolis: Indiana University Press, 2006.

Clark, Timothy. *Derrida, Heidegger, Blanchot: Source of Derrida's notion and practice of literature*. Cambridge: Cambridge University

Press，1992.

Haase，Ullrich & Large，William. *Maurice Blanchot*. London & New York：
Routledge，2001.

Lawlor，Leonard. *Imagination and Chance：The Difference Between the Thought of Ricoeur and Derrida*. Albany：State University of New York Press，1992.

Iyer，Lars. *Blanchot's Communism：Art，Philosophy and the Political*. Hampshire：Palgrave，2004.

Kaplan，David M. *Ricoeur's Critical Theory*. Albany：State University of New York Press，2003.

Kearney，Richard. *On Paul Ricoeur：The Owl of Minerva*. Aldershot：Ashgate Publishing，2004.

中文书目

阿伦特：《精神生活:思维》，姜志辉译，南京：江苏教育出版社，2006。

——:《精神生活:意志》，姜志辉译，南京：江苏教育出版社，2006。

——:《黑暗时代的人们》，王凌云译，南京：江苏教育出版社，2006。

罗兰·巴尔特：《中性》，张祖建译，北京：中国人民大学出版社，2010。

耿幼壮："悲剧与死亡——英国伊丽莎白时期复仇剧问题"，载《外国文学评论》2005年第3期，第98-106页。

海德格尔："论人道主义一封信"，孙周兴译，参见《路标》，北京：商务印书馆，2000。

菲利普·汉森：《汉娜·阿伦特:历史、政治与公民权》，刘佳林译，南京：江苏人民出版社，2004。

科耶夫：《黑格尔导读》，姜志辉译，南京：译林出版社，2005。

克里斯蒂娃：《汉娜·阿伦特》，刘成富译，南京：江苏教育出版社，2006。

朗西埃：《政治的边缘》，姜宇辉译，上海：上海译文出版社，2007。

让-吕克·南希、布朗肖等：《变异的思想》，夏可君编译，长春：吉林人民出版社，2007。

韦尔南：《神话与政治之间》，余中先译，北京：三联书店，2001。

雷蒙·威廉斯：《关键词:文化与社会的词汇》，刘建基译，北京：三联书店，2005。

亚里士多德：《诗学》，陈中梅译，北京：商务印书馆，2003。

——:《尼各马可伦理学》，廖申白译，北京：商务印书馆，2003。

——:《政治学》，吴寿彭译，北京：商务印书馆，2007。

杨慧林：《基督教的底色与文化延伸》，哈尔滨：黑龙江人民出版社，2001。

——:《圣言·人言——神学诠释学》，上海：上海译文出版社，2002。

索　引